なるほどナットク!
サーバがわかる本

小野　哲 ……………監修
小関裕明 ……………著

Ohmsha

本書に掲載されている会社名、製品名は一般に各社の登録商標または商標です．

なお、本書内において例として記述しているドメイン名、IPアドレスは実在のドメイン名、IPアドレスとは何ら関係ありませんので、ご注意ください。

本書を発行するにあたって，内容に誤りのないようできる限りの注意を払いましたが，本書の内容を適用した結果生じたこと，また，適用できなかった結果について，著者，出版社とも一切の責任を負いませんのでご了承ください．

本書は，「著作権法」によって，著作権等の権利が保護されている著作物です．本書の複製権・翻訳権・上映権・譲渡権・公衆送信権（送信可能化権を含む）は著作権者が保有しています．本書の全部または一部につき，無断で転載，複写複製，電子的装置への入力等をされると，著作権等の権利侵害となる場合があります．また，代行業者等の第三者によるスキャンやデジタル化は，たとえ個人や家庭内での利用であっても著作権法上認められておりませんので，ご注意ください．

本書の無断複写は，著作権法上の制限事項を除き，禁じられています．本書の複写複製を希望される場合は，そのつど事前に下記へ連絡して許諾を得てください．

(社)出版者著作権管理機構
(電話 03-3513-6969, FAX 03-3513-6979, e-mail: info@jcopy.or.jp)

JCOPY ＜(社)出版者著作権管理機構 委託出版物＞

■監修のことば

　サーバについての本を出版したいという話をオーム社の藤沢氏から持ちかけられたとき、正直いって戸惑いました。

　サーバを語るなら、実に広い範囲の技術の話をしなければなりません。OSやネットワークの基礎的な技術は当然のことながら、データベースやストレージ、クラスタリングやディザスタリカバリといった深遠で専門性の高い技術にまで言及しなければならなくなります。その結果、「技術の何でも屋」的にフォーカスを見失う話になりがちです。そんな本では意味がない。

　とはいえ‥‥ブロードバンドが普及した現代、個人でも自宅でサーバを立てて自前のWebサイトを構築、公開することが当たり前。巷には多くのサーバ構築の本が並んでいます。こういった本ではいまさらといった感じがします。

　藤沢氏と議論をしていくうちにあることに気づきました。「サーバはすべての技術が終結するクロスポイント（十字路）なのではないか」ということです。これは換言すると「サーバがわかればすべての技術がわかる」ということになります。もし、わかりやすくサーバを説明することができれば、多くの情報技術を一気にかつ系統立てて説明することができるはずです。

　本書はこのようなコンセプトで出発しました。本書はサーバについてのガイドブックであると同時に、サーバから派生するさまざまな周辺技術のガイドブックでもあるのです。その意味で対象とする読者や目的などを次のようにイメージしました。

・SIerの新人教育のためのテキスト
・IT系営業マンの知識のネタ本
・管理職のIT知識の統合のための副読本
・渋谷の女子高生がITを勉強するためのガイドブック

このような企画意図で開始された執筆でした。担当の小関君は株式会社ランスに在職する勉強熱心な若手のスタッフです。若手であるがゆえに、いくつかの経験と勉強したことが最も企画対象の読者の距離に近いと考え、彼に執筆を依頼したのです。企画意図も充分に伝わりました。

　数ヶ月はあっという間に過ぎました。初めての経験でもあり、さまざまな苦労があったようです。それを乗り越えてようやく本書を出版することができました。

　小関君、ご苦労様でした。では、本書の評価を読者のみなさんに委ねることにしましょう。これからも決して奢ることなく常に謙虚に技術を学んでいきましょう。脚下照顧。

2003年8月

小野　哲

■はじめに

　私たちの生活は、今やインターネットなしには語ることができません。そのインターネットを支えているのが、実はサーバと呼ばれる種類のコンピュータの存在なのです。

　サーバという言葉自体は、ある程度浸透しているものの、多種多様であり、また、その果たしている役割を認識している方は多くないかもしれません。そこで、サーバの仕組みや種類、機能に関する説明を通じて、現代社会を支えているともいうべきサーバの重要性について理解していただきたいと考え、本書を執筆しました。また、併せて、サーバというものが存在するがゆえの課題にも触れており、これについても把握していただければと思っています。

　さて、本書の全体の構成は以下のようになっています。

●1章　サーバとは何か？

　サーバと呼ばれるコンピュータに共通する基本的な役割について述べています。本章の内容を念頭におきながら、他の章を読んでいただければと思います。

●2章　通信の仕組みを理解する

　コンピュータネットワークにおける通信の仕組みの基本を解説しています。より詳細な情報が必要な場合は、本書と同シリーズの「なるほどナットク！　TCP/IPがわかる本」をご覧下さい。

●3章　サーバの機能と種類

　Webサーバやメールサーバなどをはじめとした、私たちに比較的身近な存在のサーバについて、その役割や機能などを紹介しています。

●4章　特殊なサーバたち

　私たちにあまり馴染みがなくても、ネットワークを支えるために不可欠なサーバがあります。その役割や機能などを紹介しています。

●5章　ハード面から見たサーバ

　サーバには、求められる役割を果たすためにどのようなハードウェア

が用いられるものなのか、さらにシステムとしてどのように構築されるものなのかを解説しています。

●6章　サーバ構築とセキュリティ

インターネットに接続されるサーバがどのような危険にさらされ得るのか、危険に対してどのような対策を講じる必要があるかを解説しています。より詳細な情報が必要な場合は、本書と同シリーズの「なるほどナットク！　ネットワークセキュリティがわかる本」をご覧下さい。

●7章　自宅でサーバを立てるポイント

自宅でサーバを立てるためにどのような要素が必要なのか、そのポイントを記してあります。より具体的な構築技術については、さまざまなHow to本が出回っていますので、それらをご利用下さい。

本書は、仕事をするためにサーバ、あるいはネットワークに関する知識を広く浅く必要とする方、サーバやネットワークをより効果的に活用したい方、仕事上あるいは趣味でサーバに直接触れる、あるいは触れてみたい方を読者の中心として想定しています。また、サーバとはあまり縁がなくても、現代のコンピュータやネットワークに関して、基礎的な情報を知りたいという方にも役立てていただければ執筆者冥利に尽きます。

最後になりましたが、私に適切な助言を下さった、監修者の小野さんをはじめとした株式会社ランスR&D事業部の技術者の皆さんに、また、同じオフィスで貴重な意見を下さった高橋さんと田村さんにこの場を借りて感謝を申し上げます。有難うございました。そして、初体験ということもあって盛大に遅れた執筆作業を、実に忍耐強く見守って下さったオーム社の藤沢さんをはじめとした出版局のみなさまに厚く御礼申し上げます。本当にどうも有難うございました。

2003年8月

小関　裕明

■目 次

1. サーバとは何か？

- ■サーバが人の生活を便利にする？ 2
- ■サーバとクライアントとネットワークの関係 4
- ■サーバとクライアントとの関係の特性 6
- ■サーバのないネットワーク 8
- ■サーバがあるとこんなに便利①中継 10
- ■サーバがあるとこんなに便利②蓄積 12
- ■サーバが人の生活を便利にしている 14

2. 通信の仕組みを理解する

- ■人同士のコミュニケーション 18
- ■コンピュータ同士の通信①OSI参照モデル 20
- ■コンピュータ同士の通信②TCP/IPとは 22
- ■TCP/IP通信の仕組み①送信 24
- ■TCP/IP通信の仕組み②受信 26
- ■アプリケーション層：HTTP、SMTP、FTPなど 28
- ■トランスポート層①概要 30
- ■トランスポート層②TCPとUDP 32
- ■トランスポート層③プロトコルとポートの関係 34
- ■インターネット層：IP 36
- ■ネットワークセグメントとルーティング 38
- ■ネットワークインタフェース層：Ethernet、ATM、ISDN、ADSLなど 40
- ■ネットワークのトポロジと論理的な分割 42
- ■2種類のアドレスとARP 44

- ■デフォルトゲートウェイとルーティング　46
- ■オープンなシステムのデメリット、トラブルシューティング　48
- ■インターネット関連の標準化・資源管理団体　50

3. サーバの機能と種類

- ■サーバはどのように分類されるか？　54
- ■Webサーバ①基本的な機能　56
- ■Webサーバ②動的コンテンツ　58
- ■Webサーバ③CGI、SSI　60
- ■Webサーバ④ASP、JSP　62
- ■Webサーバ⑤Javaサーブレット　64
- ■Webサーバ⑥Webサーバのセキュリティ　66
- ■メールサーバ①電子メールの利便性とサーバ　68
- ■メールサーバ②電子メールに関わる各種プロトコル　70
- ■メールサーバ③POPとIMAPの違い　72
- ■メールサーバ④不正リレーとその対策　74
- ■メールサーバ⑤ウイルスとその対策　76
- ■FTPサーバ①概要　78
- ■FTPサーバ②セキュリティとanonymousサーバ　80
- ■DNSサーバ①DNSの全容と名前解決の仕組み　82
- ■DNSサーバ②冗長化の仕組み　84
- ■DNSサーバ③ドメイン情報の管理・登録体制　86
- ■DNSサーバ④キャッシュ機能　88
- ■データベースサーバ①概要　90
- ■データベースサーバ②データベースの代表、RDB　92
- ■データベースサーバ③RDBMSを操作するためのSQL　94
- ■データベースサーバ④信頼性の確保とデータ保護　96

- ■アプリケーションサーバ①概要　98
- ■アプリケーションサーバ②アプリケーションサーバの効果　100
- ■ファイルサーバ①書棚との違い　102
- ■ファイルサーバ②共有できるがゆえの問題と使いこなし　104
- ■ファイルサーバ③投資対効果と運用の課題　106

4. 特殊なサーバたち

- ■DHCPサーバ①DHCPの仕組み　110
- ■DHCPサーバ②使用のメリットとデメリット　112
- ■Telnetサーバ　114
- ■セキュアシェルサーバ　116
- ■アクセスサーバ　118
- ■RADIUSサーバ　120
- ■ディレクトリサーバ①　122
- ■ディレクトリサーバ②　124
- ■プロキシサーバ　126
- ■キャッシュサーバ　128
- ■NTPサーバ　130

5. ハード面から見たサーバ

- ■役割と負荷と信頼性とハード性能　134
- ■CPU①サーバ用とパソコン用の違い　136
- ■CPU②マルチスレッディング、マルチコア　138
- ■メモリ　140
- ■HDD　142
- ■サーバのHDDに求められる要件とRAID　144
- ■RAIDの仕組み　146

- ■外付けHDDの接続方法　148
- ■SAN？　NAS？　150
- ■バックアップ　152
- ■ディザスタリカバリ　154
- ■その他のインタフェース　156
- ■電源、UPS　158
- ■アベイラビリティ向上のための仕組み　160
- ■クラスタリングの概要、フェイルオーバ型　162
- ■フェイルオーバ型クラスタリングのポイント　164
- ■負荷分散型クラスタリング　166
- ■並列計算型クラスタリング　168

6. サーバ構築とセキュリティ

- ■サーバのセキュリティは全体のセキュリティの一部　172
- ■情報セキュリティとはどういうことか？　174
- ■データはどのような危険にさらされ得るか？　176
- ■どこで守るか？　178
- ■ファイアウォール①パケットフィルタリング　180
- ■ファイアウォール②その他の技術とDMZの構築・活用　182
- ■プライベートIPアドレスとNAT、IPマスカレード　184
- ■暗号化通信の基本と課題　186
- ■認証の基本と課題　188
- ■第三者の証明に基づく認証の仕組み、PKI　190
- ■PKIの活用例：SSL通信におけるサーバの認証　192
- ■その他の認証技術　194
- ■VPN：場所対場所のセキュリティ　196
- ■インターネットを専用線化する：トンネリング　198

- ■セキュリティ確保のための基本中の基本　200
- ■ログの収集やIDSの活用　202
- ■もし，攻撃を受けてしまったら？　204

7. 自宅でサーバを立てるポイント

- ■マシン選び　208
- ■OS選び　210
- ■回線・プロバイダ選び　212
- ■ネットワーク構成・ゲートウェイ機選び　214
- ■心構え　216

索引　219

1

サーバとは何か?

サーバが人の生活を便利にする？

　これからサーバとは何か、ということを考えていきます。みなさんは、1日に何回サーバにアクセスしていると思いますか？

　サーバ関連の専門家なら、およその数はわかるでしょう。しかし、それ以外の方は、無意識のうちにサーバにアクセスしているということに気づいていないのではないでしょうか。

　例えば、パソコンを使って好きなアーティストのホームページを見たり、インターネットでニュースを読んだりするときにはWebサーバにアクセスしています。あるいは、電子メールを受信したり、誰かに送るときにはメールサーバにアクセスしています。これらは比較的イメージしやすいものです。

　しかし、意外に気づいていないかもしれませんが、携帯電話でメールをやりとりするときにも、実はサーバにアクセスしているのです。着メロのダウンロードという行為も、サーバへのアクセスに他なりません。コンビニの情報端末でコンサートやスポーツ観戦のチケットを予約する場合もそうです。

　また、直接ではなくても、サーバへのアクセスという行為は数多く発生しています。例えば、買い物の支払いの時に通るPOSレジスタは、バーコードを読み取るたびにサーバにアクセスしています。

　こうして考えてみると、まだまだ他にもたくさんありそうですし、私たちが日常的にアクセスしているサーバというものは、私たちの生活をとても便利にしてくれているようです。

　では、ここからは、私たちがどのようにしてサーバにアクセスし、サーバがどのようにして私たちの生活を便利にしてくれているか、その関係を具体的に考えていきましょう。

サーバが人の生活を便利にする？

サーバへのアクセス

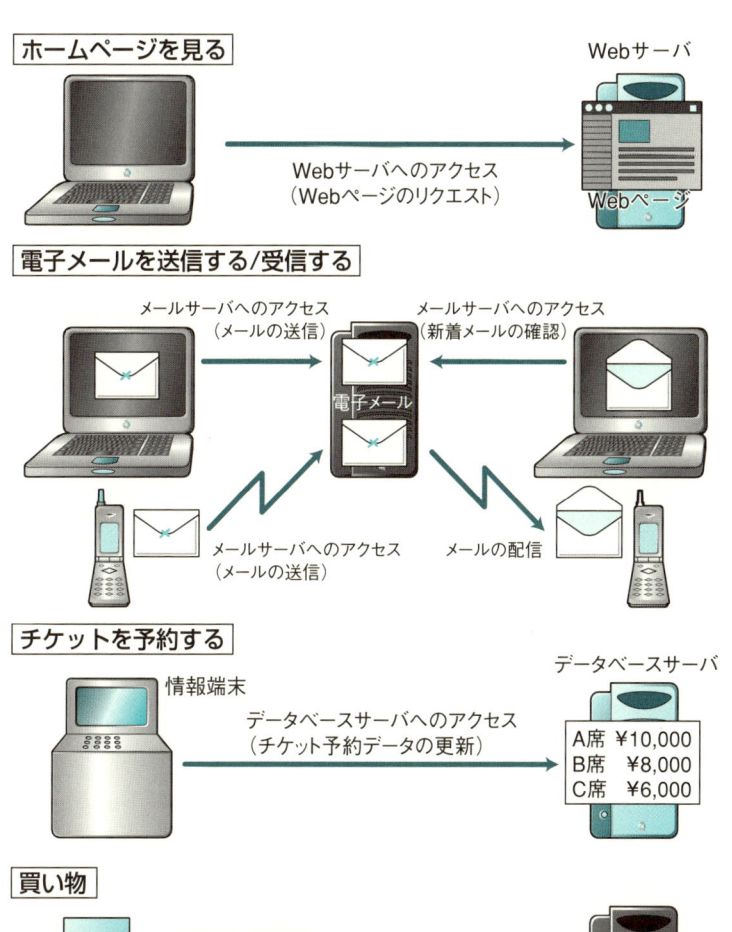

1 サーバとは何か？

サーバとクライアントとネットワークの関係

　私たちがどのようにしてサーバにアクセスしているかを知るために、サーバの他に考えるべきものがあります。それはネットワークとクライアントです。

　前節で「私たちは日常的にサーバにアクセスしている」ということを書きましたが、この「サーバにアクセス」は必ずネットワークを通じて行われます。そして、その際に私たちが使用している機械（端末）が、クライアントです。サーバももちろん機械であり、それは高性能なコンピュータであることが一般的です。

　つまり私たちは、クライアントを使用し、ネットワークを通じて、サーバにアクセスしているということになります。

　この三者の関係をよりよく理解するために、クライアントとしてパソコンを使用する場合と携帯電話を使用する場合とを例に、その仕組みを考えてみましょう。

　まずはパソコンを使用してWebページを閲覧する場合です。あるWebページを見たいと思ってパソコンを操作すると、そのパソコンはWebページを閲覧したいというリクエストをネットワーク（インターネット）を通じてWebサーバに送ります。Webサーバはこのリクエストに応答して、Webページのデータをクライアントである私たちのパソコンに送ります。

　携帯電話で着メロをダウンロードするときもほぼ同じです。携帯電話の通信（インターネットアクセス）機能を利用して、着メロのダウンロード画面からダウンロードの操作をすると、携帯電話はクライアントとして着メロの配信のリクエストをネットワーク（携帯電話網）を通じて着メロサーバに送ります。着メロサーバはこのリクエストに応答して、

指定された着メロのデータをクライアントである私たちの携帯電話に送ってくるのです。

　これら2つの例は、ネットワークの形こそ違いますが、仕組みとしては同じであることがわかります。

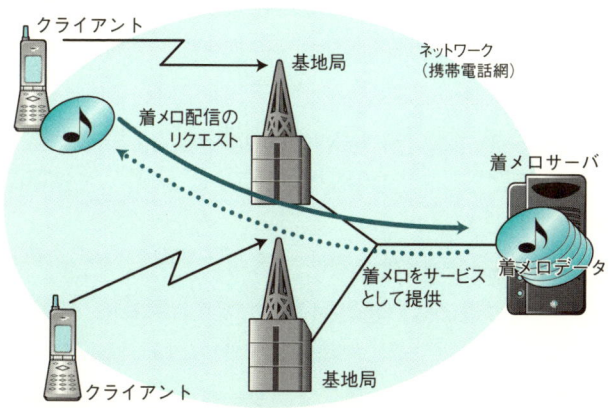

クライアントからネットワークを通じてサーバへアクセス

サーバとクライアントとの関係の特性

　前節において、サーバとクライアントはネットワークを通じてデータをやりとりする、ということはイメージできたのではないかと思います。例えば、これを電話やファクシミリ（以下FAX）の場合と比較してみると、どのような違いがあるでしょうか？　やりとりできるデータの形式こそ違っても*、2台の機械が通信網を通じてやりとりをする、という意味では同じように見えるかもしれません。

　しかし、サーバとクライアントとの関係と、電話機同士あるいはFAX機同士との関係には、明確な違いが存在します。その1つは、電話機同士（FAX機同士）は両者が対等ですが、クライアントとサーバはリクエストを送る側と受ける側という関係がはっきりしているということです。

　AとBの2台の電話機（FAX機同士）の間で通信が行われるとすると、あるときはAからBへ、またあるときはBからAへ電話がかけられ、常にどちらか一方がかける側、もう一方が受ける側という決まりはありません。

　しかし、サーバとクライアントの場合、リクエストを送る側がクライアント、リクエストを受ける側がサーバであり、この関係が逆転することはありません。サーバは常にクライアントに対して、サービスを提供するものなのです。例えば、www.ohmsha.co.jpというサーバが提供するサービスに関しては、他のすべてのコンピュータ（や携帯電話など）がクライアントです。

　そして、電話機やFAX機の関係とサーバとクライアントとの関係の、もう1つの大きな違いは、通信相手の数です。電話機（FAX機）同士は、通常その都度1対1でしか通信できませんが、サーバとクライアントの間では1対多の通信が可能です。サーバは、無数のクライアントか

らの同時リクエストにも応え、サービスを提供します。

サーバとクライアントの関係と電話機（FAX機）同士の関係の違い

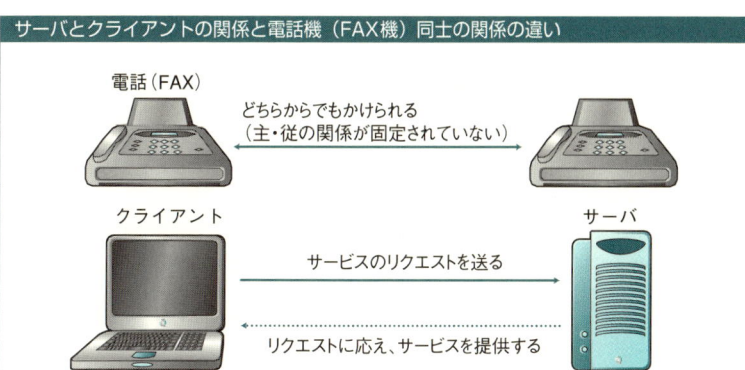

1対多通話が可能なクライアントとサーバ

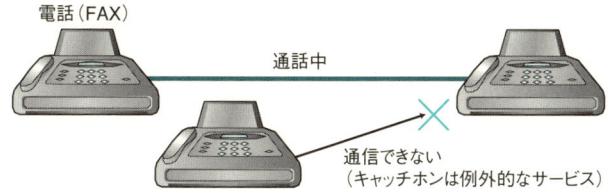

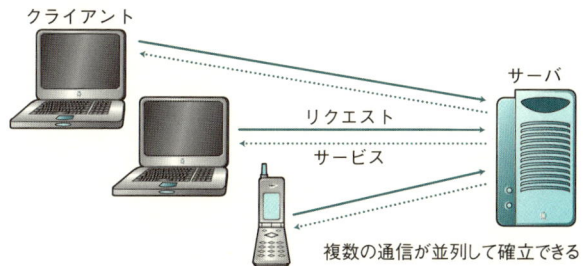

＊もちろん、これはこれで大きな違いであり、コンピュータが文字、音声、静止画、動画といったさまざまな形式のデータを扱えることは、他のツールに比べて極めて優れている点です。

サーバのないネットワーク

　前節までで、ネットワークを介したクライアント/サーバという関係が大体イメージできたと思います。そこで、サーバがどのような働きをするものなのかをより深く理解するために、サーバのないネットワークがどのようなのもなのかを考えてみましょう。

　コンピュータのネットワークが他の通信手段よりも優れているのは、文字や音声のみならず、静止画や動画をも含むさまざまな電子化された情報を、双方向にやりとりできることです。

　しかし、電子化された情報は、必ずしもここまで見てきたようなクライアント/サーバの関係においてやりとりされるというわけではありません。対等な関係にある2台のコンピュータ間で、直接（サーバを経由せずに）データのやりとりが行われるケースも存在します。このような形態のネットワークを、ピア・ツー・ピア（Peer-to-Peer）型と呼びます。

　ピア・ツー・ピア型ネットワークにおいて、コンピュータ間での通信、例えばメッセージを送ろうとする場合、電話やFAXと同じように、データの送信側と受信側両方のコンピュータが動いている（使用されている）必要があります。また、通信相手を変える場合、相手のコンピュータをいちいち特定してやりとりを行う必要があります。

　これを、例えばインターネットを介してやろうとしたらどうでしょうか？　相手がパソコンを使用していることを確認し、データを受信する準備を整えてもらってからでないと、電子メールが送れないのです。これでは、とても不便です。

サーバのないネットワーク

コンピュータの稼動とメール送信

両方が動いていれば、メールを送れる

片方が動いていないと、送れない

通信相手の切り替え

Bに送るときには、Bのコンピュータを指定

Cに送るときには、Cのコンピュータを指定

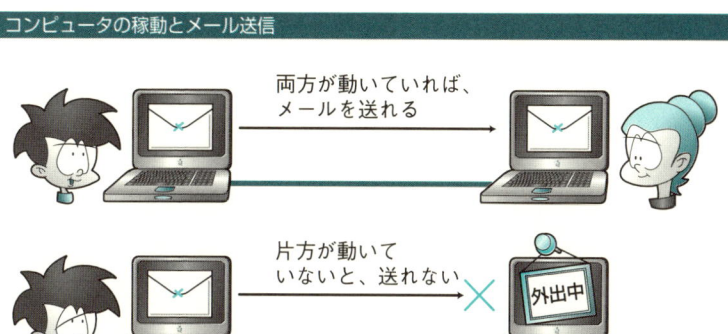

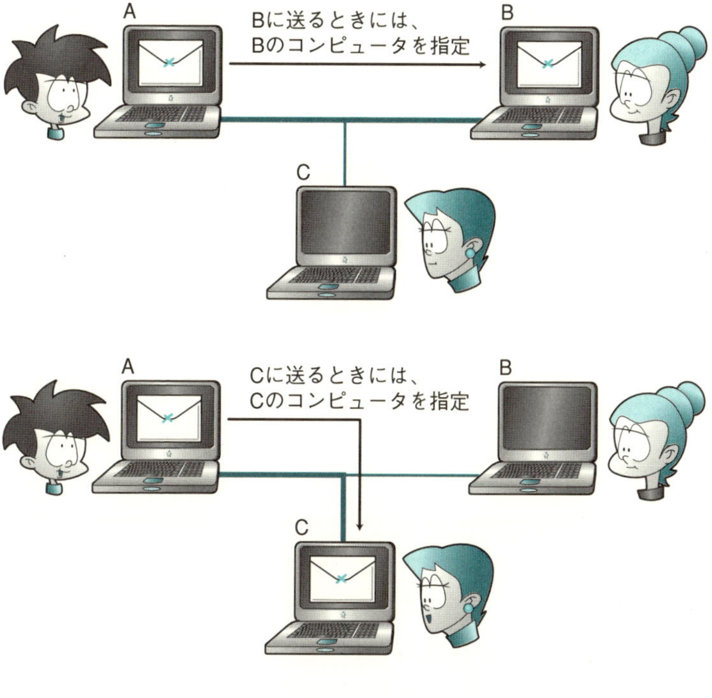

サーバがあるとこんなに便利①中継

　それでは、サーバが存在することによって、クライアント/サーバ型ネットワークとピア・ツー・ピア型ネットワークとの間にどのような違いが生まれるか、考えてみましょう。

　ユーザAがユーザBに対して電子メールを送るとします。Bは外出中であり、そのパソコンは動いていません。それでもAはパソコンをクライアントとして使用し、電子メールを作成・送信（サーバにアクセス）します。送信されたメールはサーバ内に蓄積されます。このメールはBが新着メールを確認するまでサーバ内に保管されます。

　次に、Aがパソコンの電源を切って外出し、逆にBが外出から戻りました。Bは自分のパソコンをクライアントとして使用し、新着メールを確認（サーバにアクセス）します。サーバはBのクライアントに対してAからのメールを配信し、Bのクライアントはこれを受信します。そして、BはAからのメールを読みます。この時点でユーザAとBのコミュニケーションが成立したことになります。

　いかがでしょうか？　ピア・ツー・ピア型との違いがわかりましたか？　通信を行う双方の端末が同時に動いていなくても、結果的に通信が成立しています。

　このようにサーバは、通信内容を一時的に蓄積・中継することにより、通信を行う両者のアクションの時間差を解決しているわけです。その結果、ユーザは任意のタイミングでサーバにアクセスすることで、別のユーザと通信を行うことが可能になります。

　インターネットを介して、それこそ地球の裏側に住む人たちとコミュニケーションをとることができるのも、サーバがコミュニケーションの中継基地となり、時間差を解決しているからなのです。

サーバがあるとこんなに便利①中継

コミュニケーションの中継基地となり時間差を解決するサーバ

AがBにメールを送信。まずはサーバに送られる

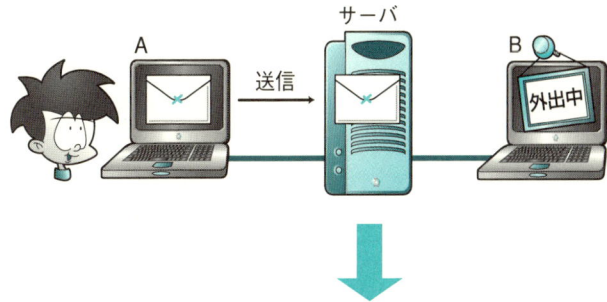

メールは、Bが受信するまでサーバに保管される

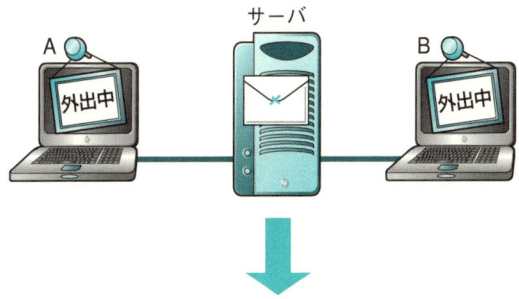

サーバ上に保管されているメールを、Bが受信する

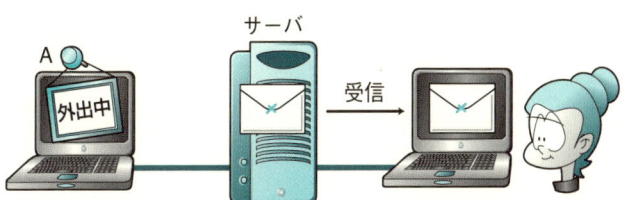

サーバがあるとこんなに便利②蓄積

通信の中継とともにもう1つ重要なのが、データの蓄積・共有という点です。今度はファイルの共有を例にしてみましょう。

みなさんも、パソコン内のデータの一部を、共有機能を用いて共有したことがあるかもしれません。ピア・ツー・ピア型ネットワークでも、この機能を使用して複数のコンピュータからデータを共有することが可能です。ただし、この場合共有データの実際の在りかは分散しています。紙媒体（ばいたい）でいえば、共有すべき情報を記載した書類が各個人のデスクに散らばっている状態です。

この状態で、ネットワーク上のあるパソコンのユーザが、出張のために自分のパソコンを持ち出したとします。すると、ネットワーク上の他のユーザは、目的の資料を見ることができなくなってしまいます。紙媒体でいえば、書類をしまった引き出しにカギがかけられ、そのカギを持って外出された状態です。

この困った状態を避けるために、共有ファイルを作成するごとに全員に配布したとします。すると、今度はその情報を更新するたびに配布し直さなければならない、というさらなる手間も生じます。

一方、共有データを格納する専用のサーバがあったとします。この場合、共有データを見たい人のパソコンだけが動いていれば、サーバにアクセスしてデータを見ることができます。紙媒体でいえば、書棚に共有書類が置いてあり、それを見ることができる状態です*。そして、情報を更新する場合にも、サーバ上にあるデータだけを更新すればよいのです。

このように、クライアント/サーバ型は、同じデータに複数のユーザがアクセスできるようになるという点で、大きなメリットがあるといえます。

ピア・ツー・ピア型ネットワークにおけるデータの共有

それぞれのコンピュータ上にてデータを共有。ネットワークに
接続されており、動いていれば共有データを相互に使用できる
A
共有A
B
共有B
C
共有C
Cの共有データは、Cのコンピュータが接続されていないと
使用することができない
A
共有A
B
共有B
C
共有C

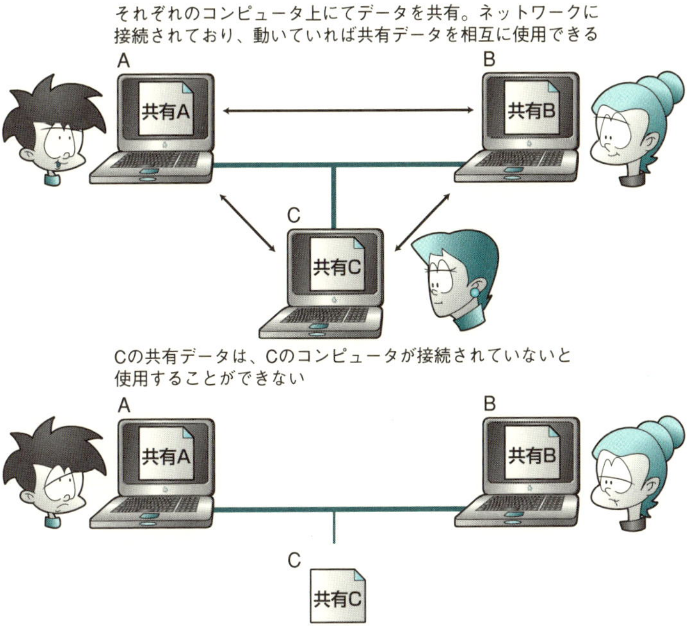

クライアント/サーバ型ネットワークにおけるデータの共有

サーバ上にてデータを共有。
更新はサーバ上のファイルのみでよい
A
更新
共有A
サーバ
B
共有C
共有B
常に最新のファイルに
アクセスできる
C

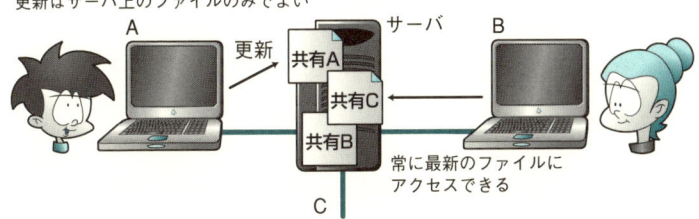

＊もちろん、書棚で共有できる人の範囲と、ネットワーク経由で共有できる人の範囲には大きな差が生じます。

サーバが人の生活を便利にしている

　コンピュータ同士を接続するネットワーク技術の誕生以降、その利用目的は科学技術分野における数値情報のやりとりに始まり、企業内の業務への利用、企業間あるいは企業と個人の商取引や、個人間のコミュニケーション、さらにはエンタテインメントの供給へと発展してきました。これに応じて、コンピュータネットワークの規模も、部屋に収まるものから建物間を結ぶものとなり、現代においては全地球規模のネットワークであるインターネットへと拡大してきました。

　ネットワークの規模が１つの部屋に収まる程度だったころは、適当なタイミングでデータの転送が行えれば事足りました。しかし、規模が拡大するのに伴って、時間を問わずサービスを提供することが求められるようになり、データの流通の中継、あるいはデータの蓄積といった機能を持つサーバが発展するための下地となりました。学術、ビジネス、エンタテインメント、公共サービス‥‥‥あらゆる分野において、サーバは無数のクライアントからのリクエストに昼夜を問わず応えて、サービスを提供しています。

　つまり、私たちの生活は、今やインターネットに代表されるコンピュータネットワークにより支えられており、そのコンピュータネットワークを支えているのが、他ならぬサーバという存在なのです。

　いかがでしょうか？　サーバというものがどのようなものか、そしてサーバが私たちの生活のなかでどれだけ活躍しているか、だんだんとイメージが湧いてきたでしょうか？

　ここまでで、サーバとは何か、という概念的な話題はひとまず終わりたいと思います。次章からは、実際に私たちがサーバにアクセスする際に通るネットワークの仕組みや、サーバがクライアントに提供するサー

サーバが人の生活を便利にしている

ビスが具体的にどのようなものかといった内容を見ていきます。

コンピュータネットワークを支えるサーバ。あらゆるシーンで活躍している

2

通信の仕組みを理解する

ns
人同士のコミュニケーション

　この章では、コンピュータ間の通信の仕組みを見ていきます。実は、それはある意味で人同士の言葉によるコミュニケーションに似ているといえます。

　みなさんも、普段は言葉を使って他人とコミュニケーションをとっていることと思います。ここで、その言葉によるコミュニケーションがどのような要素から成り立っているか、ちょっと分析してみましょう。

　言葉を使うのは、何かを誰かに伝えるときです。言葉を伝えるために何らかの手段を使います。さらに言葉にはいくつもの種類があります。また、その意図を伝えるために、相手と同じルールに従い、正しく言葉を使う必要があります。

　このように考えていくと、話題、相手、媒体、言語、発音あるいは文字、文法、表現、というように分解できそうです。これらすべてが当事者間でかみ合って初めて、コミュニケーションが成立する、ということがいえそうです。

　ところで、これらの要素にコミュニケーションの成立の仕組みとしての約束事などはあるでしょうか？　ある話題について、使う言語を選択し、文法に従って、文字あるいは音声として表現し、相手に向けて何らかの媒体にのせて出力する、として考えると、およそ右の図のような順序の階層構造として表現できそうです。他にもいろいろな要素があるかもしれませんし、順序も違うかもしれません。しかし、いくつかの要素が積み重なり、それらがかみ合ってコミュニケーションが成立する、ということは間違いなさそうです。

人同士のコミュニケーション

ある話題が話し手から聞き手に伝わるまで

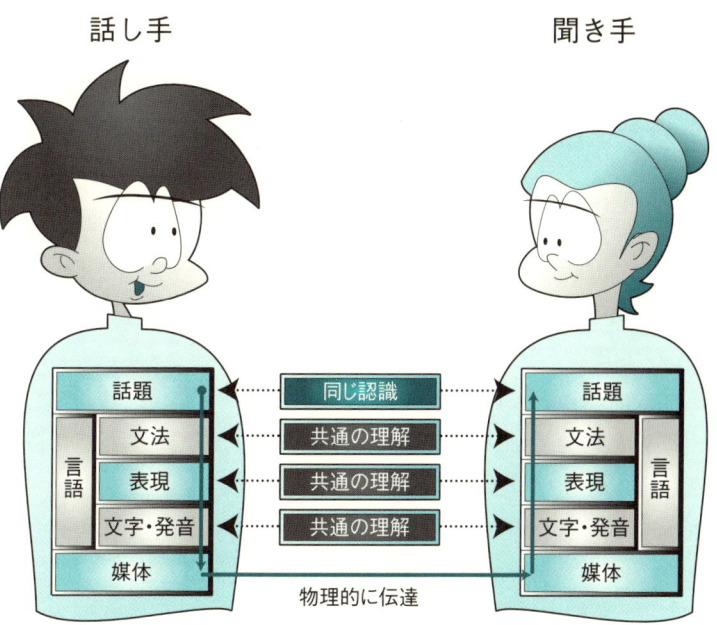

すべての要素がコミュニケーションの当事者間で一致して初めて、
コミュニケーションが成立する

コンピュータ同士の通信①OSI参照モデル

　前節では、人同士のコミュニケーションを分析すると、どうやら複数の要素が階層構造をとり、それらが当事者間でかみ合って成立するものらしいということを見ました。実は、コンピュータの通信も、これと同じような仕組みで成立しているのです。

　人同士のコミュニケーションと異なるのは、階層構造の順序が明確に規定されていることです。コンピュータ同士が物理的に接触する階層を最下層として、最終的に人が理解できる階層まで、データの流れの約束事が規定されています。

　もともとコンピュータネットワークは、ネットワークごとに異なるベンダ（製品を製造または販売する事業者）固有の仕組みにより構築されていました。ネットワーク間の接続が行われるようになると、ベンダ間の仕様の差異を吸収するための仕組みが必要になり、複雑なものとなっていきました。人同士のコミュニケーションにたとえると、違う言語を使う人たちのために通訳が必要な状態だといえるでしょう。この状況を受けて、通信の仕組みを世界的に統一するべく、生まれたのがOSI（Open Systems Interconnection）参照モデルです。

　コンピュータの通信では、階層構造をとるその1つ1つの要素の種類や順番は、ISO（International Organization for Standardization：国際標準化機構）によりOSI参照モデルとして定められています。OSI参照モデルはコンピュータの通信の仕組みを7階層に分け、それぞれのレイヤ（層）の役割を規定しています。

　各レイヤは、その接するレイヤとのデータのやりとりだけを意識すればよく、ネットワークの仕組みの開発においても、上下のレイヤとのやりとりの仕様だけを意識すればよいことになります。これにより、ベン

ダ間の仕様の差異も吸収され、現代のネットワークの発展につながっています。

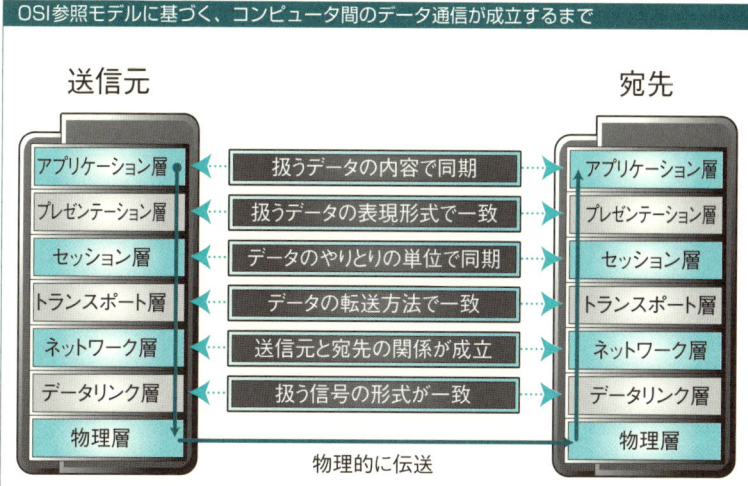

すべてのレイヤで一致あるいは同期といった関係が成立して初めて、データ通信が成立する

第7層	アプリケーション層	アプリケーションプログラム間の通信を規定する
第6層	プレゼンテーション層	伝送するデータの表現形式を規定する
第5層	セッション層	相手との接続の管理方法を規定する
第4層	トランスポート層	データ転送の信頼性の確保の方法を規定する
第3層	ネットワーク層	送信元と宛先との論理的なアドレスや経路選択方法を規定する
第2層	データリンク層	物理層で直接接続された機器間の信号の伝送形式を規定する
第1層	物理層	インタフェースやケーブルなど、物理的な仕様を規定する

コンピュータ同士の通信②TCP/IPとは

ところで、現在のインターネットを支える通信の仕組みがOSI参照モデルに忠実かというと、実はそうではありません。構造を対比して解釈することは可能ですが、よりシンプルな仕組みが使用されています。その1つとして代表的なものが、TCP/IPと呼ばれる約束事です。この約束事をプロトコルといいます。これは、アメリカで軍事用に開発されたネットワークが、学術目的の全国ネットワーク（ARPANET）を経て、現在のインターネットに発展する過程で開発されたものです。

TCP/IPでは、コンピュータの通信が4つのレイヤに分けて解釈されます。このうち、TCP/IPプロトコルとして規定されているのは、OSI参照モデルにおけるネットワーク層とトランスポート層のプロトコルで、ネットワーク層（TCP/IPではインターネット層と呼ばれるのが一般的です）にあたるのがIP（Internet Protocol）、トランスポート層にあたるのがTCP（Transmition Control Protocol）およびUDP（User Datagram Protocol）です。

TCP/IPにおいては、その上位層（OSI参照モデルにおけるセッション層、プレゼンテーション層、アプリケーション層）はまとめてアプリケーション層、同じく下位層（OSI参照モデルにおける物理層、データリンク層）はまとめてネットワークインタフェース層として扱われます。これらのレイヤにおいては、サービスの内容やインタフェースの種類ごとにいくつかのプロトコルが存在します。

以上のように、TCP/IPはOSI参照モデルと比較してシンプルでより現実的な構成になっています。実際に策定されたのもTCP/IPの方が先であり、結果的に現在の巨大なインターネットを支えるプロトコルとなっています。

コンピュータ同士の通信②TCP/IPとは

TCP/IPプロトコルに基づく、コンピュータ間のデータ通信が成立するまで

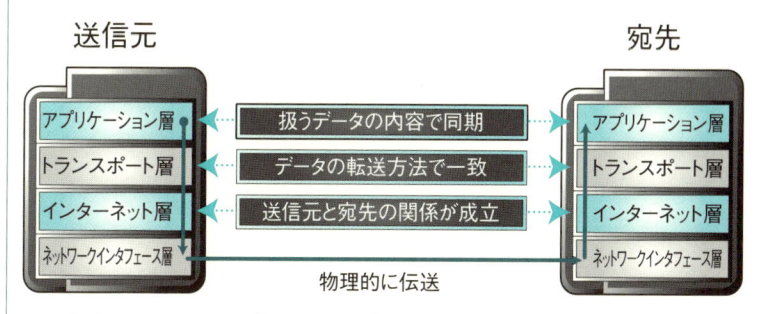

送信元 → **宛先**

送信元		宛先
アプリケーション層	扱うデータの内容で同期	アプリケーション層
トランスポート層	データの転送方法で一致	トランスポート層
インターネット層	送信元と宛先の関係が成立	インターネット層
ネットワークインタフェース層	物理的に伝送	ネットワークインタフェース層

すべてのレイヤで一致あるいは同期といった関係が成立して初めて、データ通信が成立する

OSI参照モデル		TCP/IP	
第7層	アプリケーション層	アプリケーション層	アプリケーションプログラム間でのデータのやりとりに関する規定
第6層	プレゼンテーション層		
第5層	セッション層		
第4層	トランスポート層	トランスポート層	相手との接続の管理や、データ転送の信頼性確保に関する規定
第3層	ネットワーク層	インターネット層	送信元と宛先との論理的なアドレス関係や経路制御に関する規定
第2層	データリンク層	ネットワークインタフェース層	インタフェースやケーブルなどの物理的仕様、およびそれらにより直接接続されるホスト間における通信方式の規定
第1層	物理層		

TCP/IP通信の仕組み①送信

　実際にTCP/IP通信がどのように行われるのか、その基本的な仕組みをひととおり見てみましょう。まずは、クライアントがサーバに向けてデータを送信する手順です。トランスポート層のプロトコルにはTCPを使用し、クライアントとサーバの物理的な接続はEthernetであると仮定します。

　まず、Webブラウザや電子メールクライアントなどアプリケーションプログラムは、送信するデータをプロトコル（Webページの閲覧ならHTTP、電子メールの送信ならSMTP）により決められた形式で生成し、トランスポート層のTCPプログラムに渡します。このとき、データはいくつかに分かれている場合があります。

　次に、TCPプログラムは、受け取ったデータを一時的に蓄積（バッファリング）し、これを通信相手との間で最も効率よくやりとりできるサイズにまとめます。そしてこのまとめたデータに、通信相手との接続を確立するための情報、一連の通信内容を構成するためのデータの順序などを含むTCPヘッダを付加してTCPセグメントを生成し、インターネット層のIPプログラムに渡します。

　IPプログラムは、受け取ったTCPセグメントを通信経路において通過可能な最小のサイズにまで分割し（分割が不要な場合もあります）、これらに宛先のIPアドレスや分割した場合のデータの順序などを含むIPヘッダを付加してIPデータグラムを生成し、ネットワークインタフェース層に渡します。

　そして、ネットワークインタフェース層は、受け取ったIPデータグラムにEthernet通信における宛先アドレスなどを含むヘッダ、データの終端を表す記号（トレーラ）を付加してEthernetフレームを生成し、

TCP/IP通信の仕組み①送信

ケーブルによる物理的な接続を通じて電気信号（あるいは光信号）として伝送します。この一連の動きは、OSレベルのプロトコルスタックと呼ばれるプログラムで処理されます。したがって、アプリケーションプログラムは、ある関数を呼び出すだけで通信処理が行われます。

クライアントからサーバへのリクエストの生成と送信

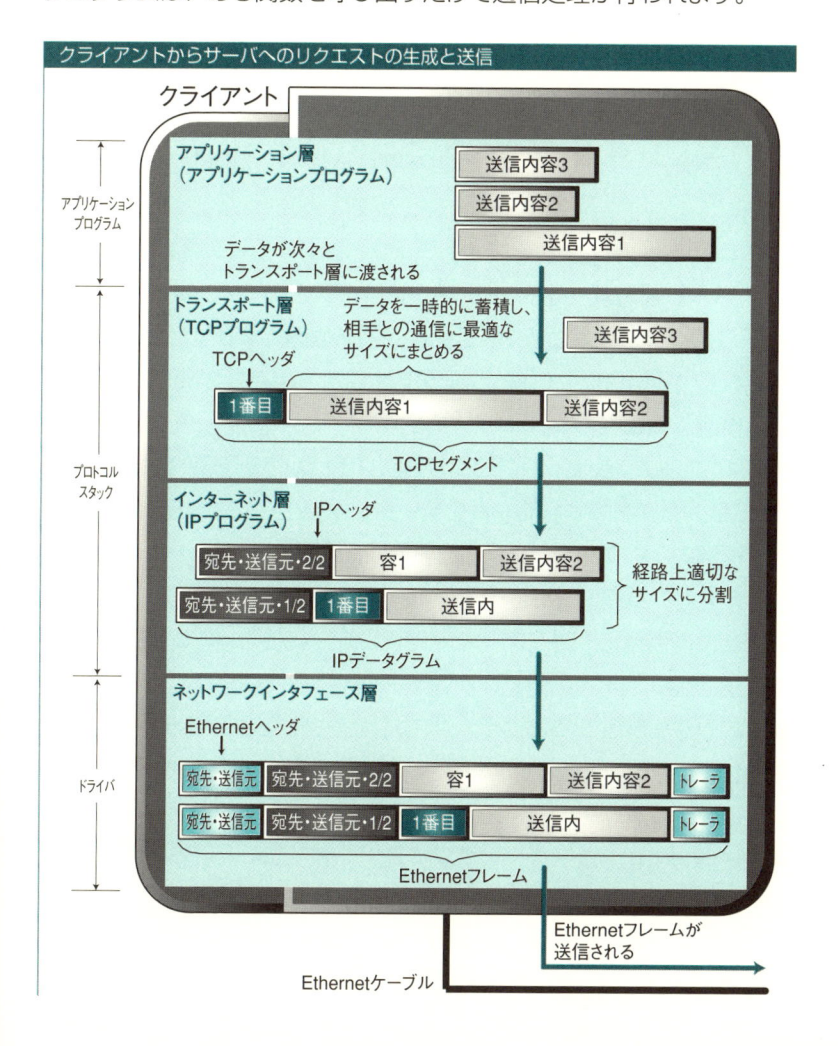

クライアント

アプリケーション層（アプリケーションプログラム）
- 送信内容3
- 送信内容2
- 送信内容1

データが次々とトランスポート層に渡される

トランスポート層（TCPプログラム）
データを一時的に蓄積し、相手との通信に最適なサイズにまとめる

TCPヘッダ

| 1番目 | 送信内容1 | 送信内容2 |

送信内容3

TCPセグメント

インターネット層（IPプログラム）
IPヘッダ

| 宛先・送信元・2/2 | 容1 | 送信内容2 |
| 宛先・送信元・1/2 | 1番目 | 送信内　|

経路上適切なサイズに分割

IPデータグラム

ネットワークインタフェース層
Ethernetヘッダ

| 宛先・送信元 | 宛先・送信元・2/2 | 容1 | 送信内容2 | トレーラ |
| 宛先・送信元 | 宛先・送信元・1/2 | 1番目 | 送信内 | トレーラ |

Ethernetフレーム

Ethernetフレームが送信される

Ethernetケーブル

（左側の縦軸ラベル：アプリケーションプログラム／プロトコルスタック／ドライバ）

TCP/IP通信の仕組み②受信

　ここからは、サーバがクライアントからのデータを受信する手順です。先の送信の説明と逆になります。

　まず、ネットワークインタフェース層は、クライアントのネットワークインタフェース層より受け取ったEthernetフレームからヘッダやトレーラを除去してIPデータグラムを取り出し、IPプログラムに渡します。

　次に、IPプログラムは、ネットワークインタフェース層より受け取ったIPデータグラムからIPヘッダを除去してTCPセグメントを取り出し、TCPプログラムに渡します。このとき、送信側でTCPセグメントが分割されている場合は、ヘッダに埋め込まれた情報をもとに、セグメントの再構成が行われます。

　TCPプログラムは、IPプログラムより受け取ったTCPセグメントからTCPヘッダを除去してもとのデータを取り出します。そして、送信側で複数のデータをまとめている場合は、まとめられたデータをもとに戻し、もとの順序に従ってアプリケーションプログラムに渡します。このとき、送信側のTCPプログラムとの間でヘッダに含まれる情報をもとに受信確認や再送の処理、次のデータの送信への移行が行われます。

　アプリケーションプログラムは、TCPプログラムからデータを受け取り、クライアントからのリクエスト内容に基づいて処理を実行します（Webブラウザからのリクエストなら、要求されたWebページのデータを送信します。電子メールクライアントからのメール送信リクエストなら、適切な宛先に向けてメールを送り出します）。

　こうして、すべてのデータがそろうと、一連の通信が完了することになります。

TCP/IP通信の仕組み②受信

　以上、TCP/IP通信の1例をひととおり見ましたが、実際の各レイヤにおける処理などはもう少し複雑です。次節からは、各レイヤの役割や仕組みをもう少し詳しく見ていくことにしましょう。

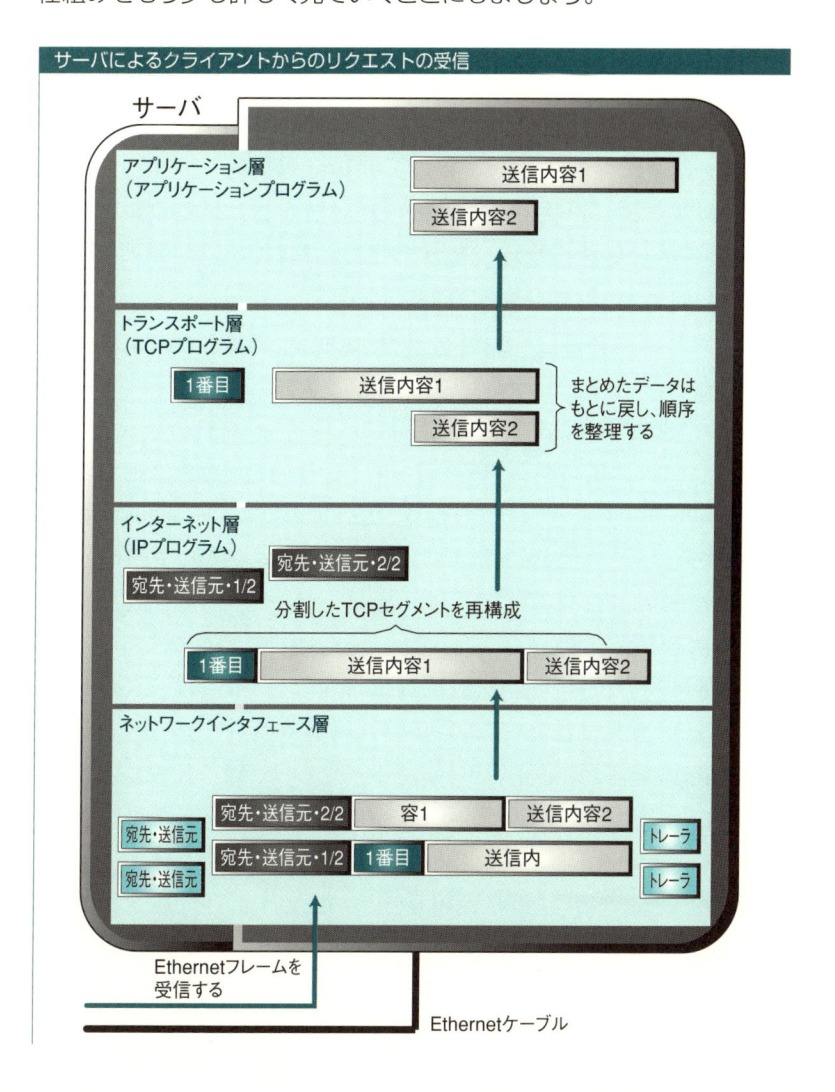

サーバによるクライアントからのリクエストの受信

サーバ

アプリケーション層
（アプリケーションプログラム）
- 送信内容1
- 送信内容2

トランスポート層
（TCPプログラム）
- 1番目 | 送信内容1
- 送信内容2

まとめたデータはもとに戻し、順序を整理する

インターネット層
（IPプログラム）
- 宛先・送信元・2/2
- 宛先・送信元・1/2

分割したTCPセグメントを再構成
- 1番目 | 送信内容1 | 送信内容2

ネットワークインタフェース層
- 宛先・送信元 | 宛先・送信元・2/2 | 容1 | 送信内容2 | トレーラ
- 宛先・送信元 | 宛先・送信元・1/2 | 1番目 | 送信内 | トレーラ

Ethernetフレームを受信する

Ethernetケーブル

アプリケーション層：HTTP、SMTP、FTPなど

　私たちがインターネットを利用して何かをするとき、Webブラウザや電子メールソフト（メーラ）、FTPクライアントソフトウェアなど、何らかのアプリケーションソフトウェアを使用しています。それらのアプリケーションソフトウェア、そしてそれらと最終的に通信を行うサーバアプリケーションソフトウェアがアプリケーション層に位置するものであり、これらの間でのデータのやりとりに関する仕組みを規定するのがアプリケーション層の各種プロトコルです。

　データ通信を「何を」「どこに」「どのように」送る、というように分解したとき、「何を」を司るのがアプリケーション層のソフトウェアであると考えれば間違いではないでしょう。

　アプリケーション層のプロトコルにはいくつもの種類があります。TCP/IPを利用してアプリケーションがどのようなデータを取り扱い、やりとりをするかの仕様ですから、サーバの種類の数だけプロトコルの種類が存在するといってよいでしょう。

　例えば、WebブラウザとWebサーバとの間におけるデータのやりとりを規定するのがHTTP（Hyper Text Transfer Protocol）、メールの送信（配送）に関するデータのやりとりを規定するのがSMTP（Simple Mail Transfer Protocol）、メーラがメールサーバからメールを受信するときの仕組みを規定するのがPOP（Post Office Protocol）あるいはIMAP（Internet Message Access Protocol）、コンピュータ間でファイルの転送を行うための仕組みを規定するのがFTP（File Transfer Protocol）といった感じです。

　これらのプロトコルは、ある目的を持った通信を成立させるために、アプリケーションプログラムにどのようなデータを生成・取り扱わせる

アプリケーション層：HTTP、SMTP、FTPなど

かを規定するものです。例えば、電子メールのデータの形式も、どのようにデータを並べるかなどが規定されており、メーラを開発するときもその仕様に則って開発しなければ、メールをやりとりすることができないのです。

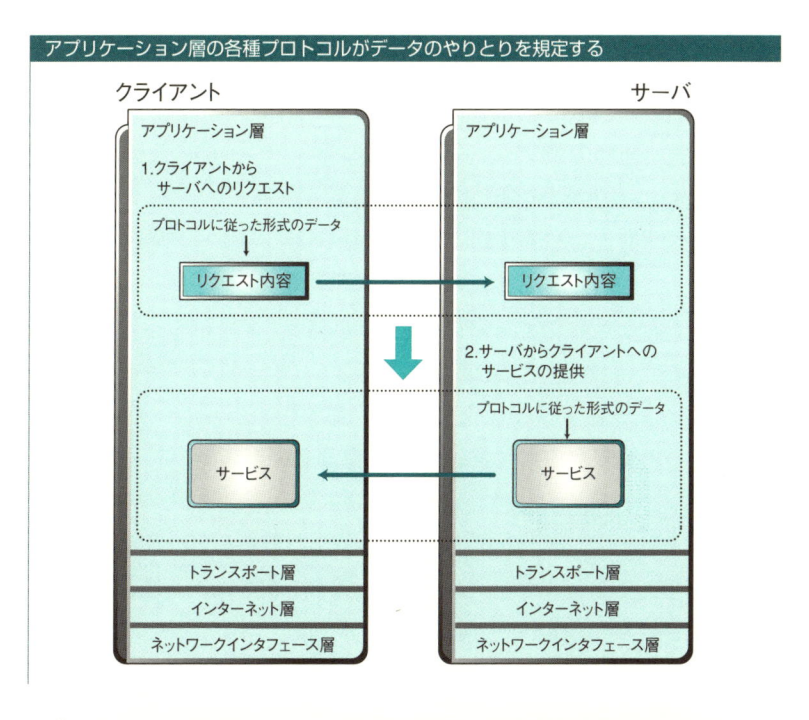

アプリケーション層の各種プロトコルがデータのやりとりを規定する

クライアント

アプリケーション層
1. クライアントから
   サーバへのリクエスト

プロトコルに従った形式のデータ

リクエスト内容 → リクエスト内容

2. サーバからクライアントへの
   サービスの提供

プロトコルに従った形式のデータ

サービス ← サービス

サーバ

アプリケーション層

トランスポート層	トランスポート層
インターネット層	インターネット層
ネットワークインタフェース層	ネットワークインタフェース層

主なアプリケーション層プロトコルとソフトウェアの関係

プロトコル	定められる内容	サーバ	クライアント
HTTP	Webページデータの転送	Webサーバ	Webブラウザ
SMTP	電子メールの配信	送信メールサーバ	電子メールソフト
POP3	電子メールの受信	受信メールサーバ	〃
IMAP4	電子メールの受信	〃	〃
FTP	ファイルの転送	FTPサーバ	FTPクライアントソフト
Telnet	コンピュータの遠隔操作	Telnetサーバ	Telnetクライアントソフト

トランスポート層①概要

　さて、1章で見たように、サーバは数多くのクライアントと同時並列的に通信を行うことが可能でなければなりません。私たちのパソコンがネットワークに接続するのに使っているケーブルは、ほとんどの場合1本ですが、サーバの場合もそう何本ものケーブルが接続されるわけではありません。1台のコンピュータが、数少ないデータの出入口以上の数の通信を行うことができるのはなぜでしょうか？

　これを可能にしている仕組みの1つが、トランスポート層のプロトコルであるTCPとUDPです。TCP/IP通信では、アプリケーション層のプログラムが生成したデータは、一般にパケットと呼ばれる、ある大きさ以下のかたまりにまとめられます。また、これらはTCPやUDPにより、コンピュータ内部において仮想的に複数用意されるデータの出入口（ポート）から送受信が行われるようになっています。

　例えば、サーバXは、クライアントA宛のデータをポートAから、クライアントB宛のデータをポートBから、それぞれA宛とB宛交互に少しずつ送信しつつ、クライアントCからのデータをポートCで少しずつ受信する、という仕組みです。

　1台のクライアントが、複数のサーバに対して同時にリクエストを送ることができるのも、この仕組みによるものです。前節ではデータ通信を「何を」「どこに」「どう」送るというように分解しましたが、このうち「どう」にあたる制御を行うのがトランスポート層の仕組みです。

　TCP/IPのトランスポート層にはTCPとUDPの2種類があるわけですが、両者の違いはデータを送信するにあたって、確実性と送信速度のどちらを優先するためのものか、という点にあります。データを確実に送り届けるのがTCP、迅速(じんそく)に送るのがUDPです。

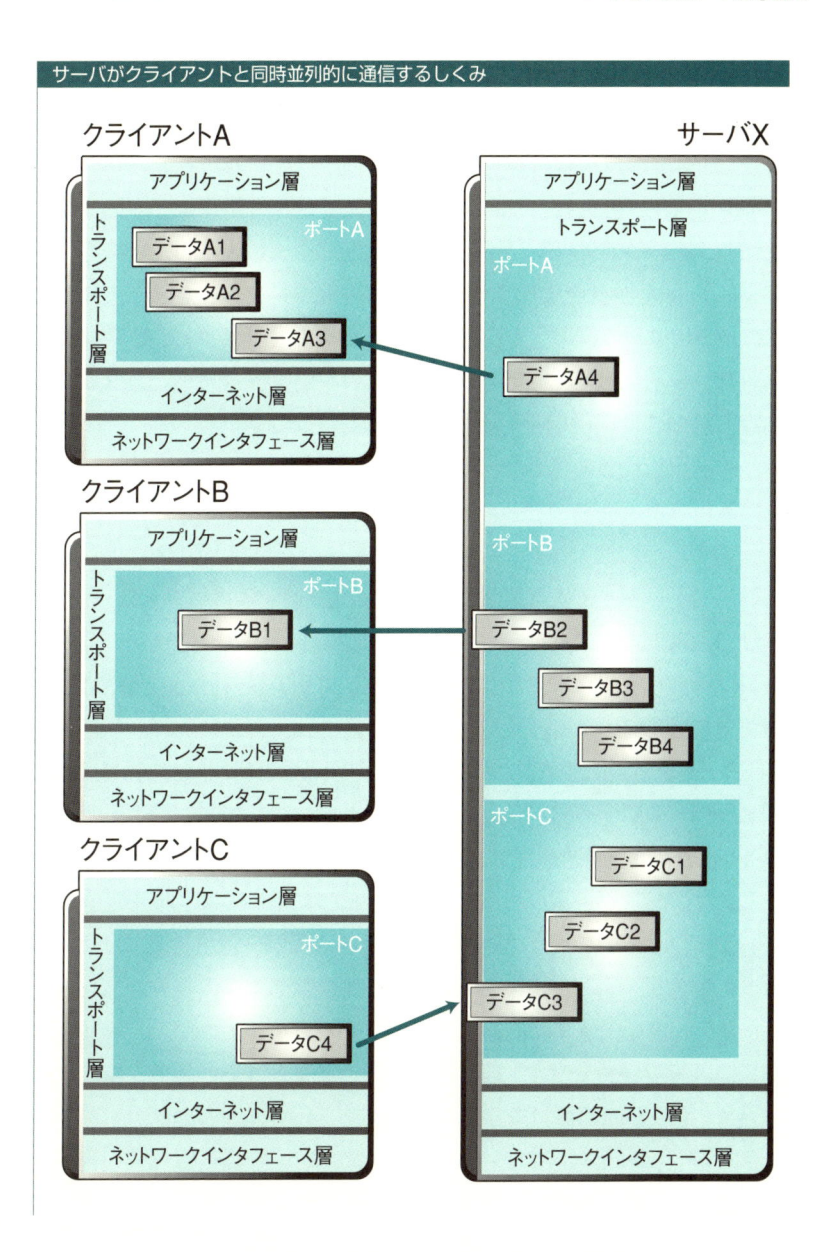

トランスポート層①概要

サーバがクライアントと同時並列的に通信するしくみ

クライアントA

- アプリケーション層
- トランスポート層
  - ポートA
    - データA1
    - データA2
    - データA3
- インターネット層
- ネットワークインタフェース層

クライアントB

- アプリケーション層
- トランスポート層
  - ポートB
    - データB1
- インターネット層
- ネットワークインタフェース層

クライアントC

- アプリケーション層
- トランスポート層
  - ポートC
    - データC4
- インターネット層
- ネットワークインタフェース層

サーバX

- アプリケーション層
- トランスポート層
  - ポートA
    - データA4
  - ポートB
    - データB2
    - データB3
    - データB4
  - ポートC
    - データC1
    - データC2
    - データC3
- インターネット層
- ネットワークインタフェース層

31

トランスポート層② TCPとUDP

　TCPプログラムは、アプリケーション層のプログラムから受け取ったデータをバッファリングし、適切な大きさ以下にまとめ、それぞれの先頭にTCPヘッダを付加することでTCPセグメントを生成します。このヘッダには、一連のデータを構成するためのセグメントの順序などの情報が含まれます。そして送信側のTCPプログラムは、このヘッダの内容に基づき、通信相手（受信側）のTCPプログラムとの間で、データが順序正しく最後まできちんとそろっているかどうかを確認しながら通信を行うようになっています。いわば、相手と対話しながらデータの送受信を行うわけです。このような仕組みになっているため、UDPと比較してデータを確実に送受信できる反面、通信速度は劣ります。

　UDPプログラムも、データの先頭にUDPヘッダを付加してUDPデータグラムを生成しますが、このヘッダにはデータグラムの順序などの情報は含まれません。そして、送信側のUDPプログラムは受信側のUDPプログラムにデータが確実に届いているかどうかはお構いなしに、任意のペースでデータグラムを送り続けます。このような仕組みのため、TCPと比較して通信速度は速いのですが、確実性は劣ります。

　この使い分けは、アプリケーション層のプロトコルにより決定されます。データが矛盾なくすべて確実に届くことが優先されるアプリケーションの場合はTCPが使用されます。確実性はあまり重要ではなく、とにかくデータを送信することに専念すればよいアプリケーションの場合、あるいはアプリケーションレベルで信頼性を確保する仕組みを持たせる場合はUDPが使用されます。

　例えば、メールなどのデータは内容が欠落しては困るためTCPが使われますが、動画配信などは少々のデータの不足があってもリアルタイ

トランスポート層②TCPとUDP

ムで進行する必要があるためUDPが使われます。

TCP通信

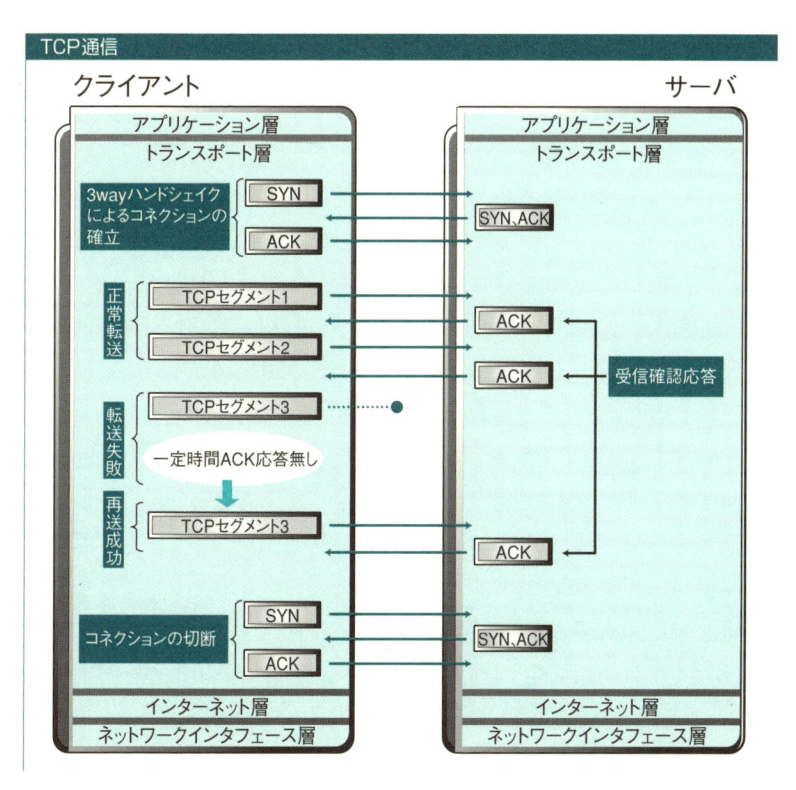

クライアント — **サーバ**

アプリケーション層 / トランスポート層

- 3wayハンドシェイクによるコネクションの確立
  - SYN →
  - ← SYN、ACK
  - ACK →
- 正常転送
  - TCPセグメント1 →
  - ← ACK
  - TCPセグメント2 →
  - ← ACK
  - （受信確認応答）
- 転送失敗
  - TCPセグメント3 …… ●
  - 一定時間ACK応答無し
- 再送成功
  - TCPセグメント3 →
  - ← ACK
- コネクションの切断
  - SYN →
  - ← SYN、ACK
  - ACK →

インターネット層 / ネットワークインタフェース層

UDP通信

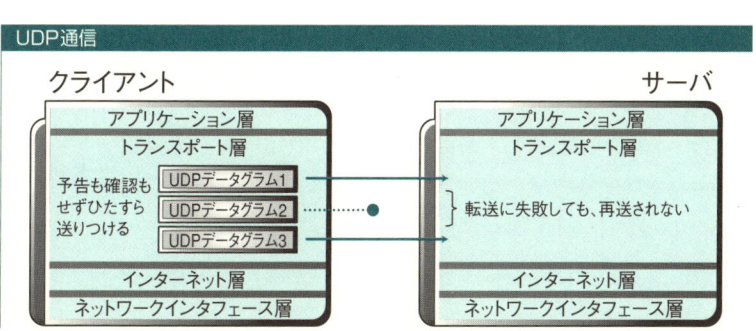

クライアント — **サーバ**

アプリケーション層 / トランスポート層

- 予告も確認もせずひたすら送りつける
  - UDPデータグラム1 →
  - UDPデータグラム2 …… ●
  - UDPデータグラム3 →
- 転送に失敗しても、再送されない

インターネット層 / ネットワークインタフェース層

33

トランスポート層③プロトコルとポートの関係

アプリケーション層のプログラムにより、TCPとUDPの使い分けが行われるのは前節で見たとおりですが、TCPあるいはUDPによりコンピュータ上に複数用意されるポートも、アプリケーションごとに使い分けが行われます。この使い分けは、アプリケーションにより完全に自由に行ってよいというものではなく、ある程度の慣例が存在します。

一般的に、コンピュータ内に用意されるポートの数は65536個あります。これらには0番から65535番までの番号をつけて区別され、この番号をポート番号と呼びます。このうち0番から1023番までの1024個は、IANA（Internet Assigned Number Authority）という機関により、特定のプロトコルにおいて使用するものとして予約されているポート番号であり、一般にはWell Known Portと呼ばれます。

Well Known Portを使用するのは、文字どおり広く一般的に普及しているプロトコルです。例えば、WebブラウザとWebサーバとの通信プロトコルであるHTTPは80番を、電子メールの受信プロトコルの1つPOP3は110番、同じく送信プロトコルSMTPは25番を、コンピュータ間の単純なファイル転送のためのプロトコルFTPは21番というように、日常的に使用される頻度が高いプロトコルにより使用されるものとして予約されています。

1024番から49151番はRegisteredポート（登録ポート）と呼ばれ、アプリケーションのベンダなどによりIANAに特定のアプリケーションにより使用するものとして登録することが可能です。例えば、Microsoft独自の名前解決サービスWINSは1512番、データベースのOracleは1571番、認証サービスのRADIUSは1812番、UNIX

でのファイル共有に使用されるNFSは2049番、フリーのデータベースであるPostgreSQLは5432番を使用するものとして登録されています。しかし、これらはそれぞれ専用のポートというわけではなく、ユーザが登録外のプロトコルで使用することは可能となっています。

　49152番から最後の65535番までは、Dynamic/Praivateポートとして、ユーザが任意に使用することができるものとされています。

主要なプロトコルとポートの関係

ポート番号	TCP/UDP	サービス	プロトコル
21	TCP/UDP	ftp	FTP
22	TCP/UDP	ssh	SSH
23	TCP/UDP	telnet	Telnet
25	TCP/UDP	smtp	SMTP
53	TCP/UDP	domain	DNS
80	UDP	http	HTTP
80	UDP	www	HTTP
80	TCP/UDP	www-http	HTTP
110	TCP/UDP	pop3	POP3
119	TCP/UDP	nntp	NNTP
123	TCP/UDP	ntp	NTP
161	TCP/UDP	snmp	SNMP

IANAサイト（http://www.iana.org/assignments/port-numbers）より

インターネット層：IP

アプリケーション層とトランスポート層に関する節で、データ通信を「何を」「誰に」「どう」に分解した場合の「何を」と「どう」にあたる要素について見てみました。残る「誰に」にあたるのが、現代のインターネットの中枢をなすインターネット層の仕組みです。

データを送信する際に「誰に」に相当するのは、宛先となるコンピュータはどれか、ということであり、コンピュータをどのように識別するかがキーとなります。その識別の基準となるのがIPアドレスです。データ通信を郵便にたとえるなら、IPアドレスは住所（アドレス）に相当します。そして、IPアドレスとその取扱いに関する仕組みを規定するのがIP（Internet Protocol）です。Internetという言葉がプロトコル名についていることからも、インターネットにおけるIPの重要性が想像できるでしょう。

インターネット層のプログラムは、トランスポート層のプログラムから受け取ったセグメント（データグラム）に宛先と送信元コンピュータ自身のIPアドレスなどを含むIPヘッダを付加してIPデータグラムを生成し、ネットワークインタフェース層の仕組みに渡します。この際、セグメントのサイズが通信経路の中で通過可能なサイズに収まらない場合、適切なサイズに分割する処理が行われます。

このIPデータグラムが、やはりTCP/IP通信が可能なコンピュータで構成されるネットワークを通じて、宛先として指定されたIPアドレスを持つコンピュータのインターネット層のプログラムに到達する仕組みになっています。

このように、送信元と送信先がどのコンピュータであるか、ということを制御することのみがIPの役割です。データの送信が確実に行われ

インターネット層：IP

ているかどうか、あるいはデータの内容がどのようなものであるかといったことを、IPは一切感知しません。

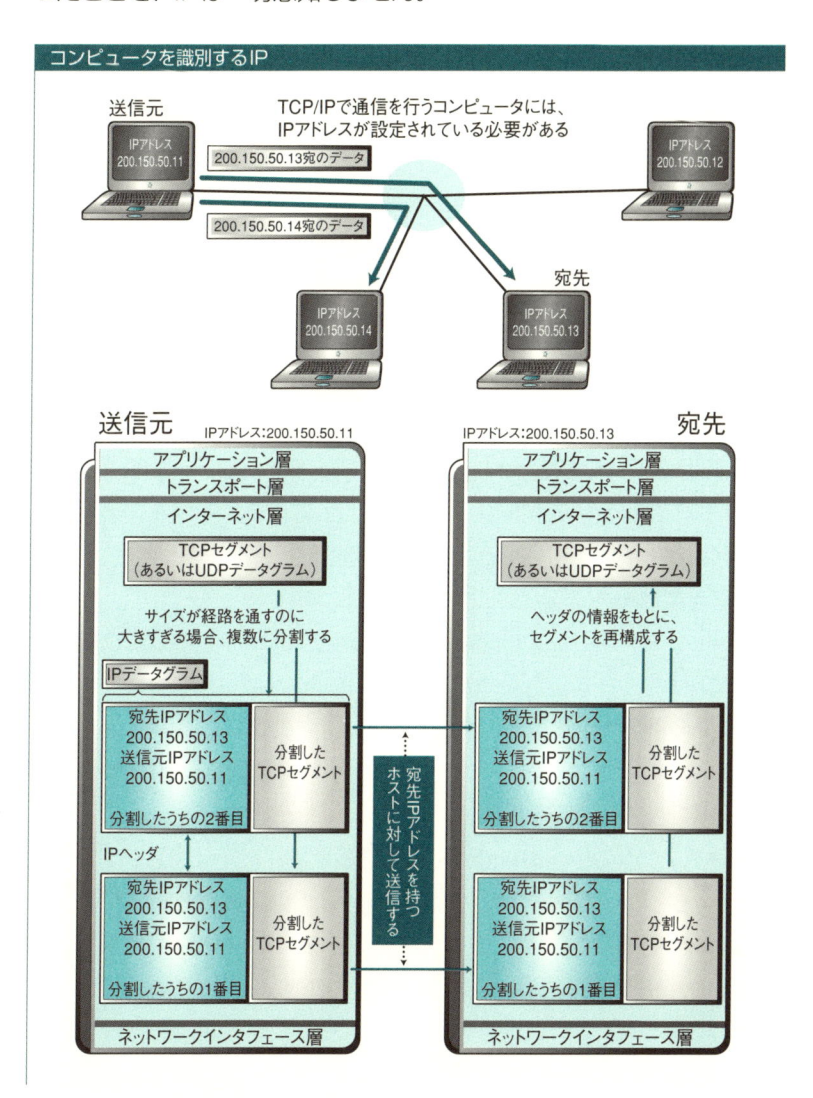

コンピュータを識別するIP

TCP/IPで通信を行うコンピュータには、IPアドレスが設定されている必要がある

送信元
IPアドレス 200.150.50.11
200.150.50.13宛のデータ
200.150.50.14宛のデータ

IPアドレス 200.150.50.12

宛先
IPアドレス 200.150.50.14
IPアドレス 200.150.50.13

送信元　IPアドレス:200.150.50.11

- アプリケーション層
- トランスポート層
- インターネット層
  - TCPセグメント（あるいはUDPデータグラム）
  - サイズが経路を通すのに大きすぎる場合、複数に分割する
  - IPデータグラム
    - 宛先IPアドレス 200.150.50.13／送信元IPアドレス 200.150.50.11／分割したうちの2番目 ＋ 分割したTCPセグメント
    - IPヘッダ
    - 宛先IPアドレス 200.150.50.13／送信元IPアドレス 200.150.50.11／分割したうちの1番目 ＋ 分割したTCPセグメント
- ネットワークインタフェース層

宛先IPアドレスを持つホストに対して送信する

宛先　IPアドレス:200.150.50.13

- アプリケーション層
- トランスポート層
- インターネット層
  - TCPセグメント（あるいはUDPデータグラム）
  - ヘッダの情報をもとに、セグメントを再構成する
  - 宛先IPアドレス 200.150.50.13／送信元IPアドレス 200.150.50.11／分割したうちの2番目 ＋ 分割したTCPセグメント
  - 宛先IPアドレス 200.150.50.13／送信元IPアドレス 200.150.50.11／分割したうちの1番目 ＋ 分割したTCPセグメント
- ネットワークインタフェース層

ネットワークセグメントとルーティング

　「インターネット」は、一般的に「ネットワークのネットワークである」と表現されることが多々あります。これは、IPアドレスとネットワークセグメントの関係を知ることで理解できます。

　IPアドレスにはサブネットマスクという値が組み合わされ、ネットワークアドレス部とホストアドレス部に分割されます。これは、約40億台のコンピュータが接続できるIPネットワークを細かく分割し、効率的に管理・IPアドレスの割当てを行うためです。そのうち、同じネットワークアドレスをもつIPアドレスの集合が1つのネットワークセグメントを構成し、同じネットワークセグメントにあるホスト（端末）同士のみがTCP/IP通信を行うことができます。「ネットワークのネットワーク」の1つ目の「ネットワーク」がこれです。ネットワークアドレスが異なるホスト同士は、たとえ物理的に直接接続されているとしても、通信できません。

　ネットワークアドレスが異なるホスト同士（別のネットワークに属するホスト同士）が通信を行うためには、ルータが必要になります。ルータは、ネットワークを越えて通信を成立させるために、受け取ったIPデータグラムを別のネットワークへと橋渡しするコンピュータです。それをルーティング（経路制御）といいます。

　ルーティングの仕組みには、ルールを固定的に設定するスタティックルーティングや、ルータ同士で情報をやりとりして、自動的に最適な経路を選択できるようにするダイナミックルーティングがあります。ダイナミックルーティングには経路の選択方式の違いでいくつかのプロトコルが存在します。

　これらの仕組みを通じて、遠く離れたネットワークに接続されたコン

ネットワークセグメントとルーティング

ピュータ同士が通信を行うことが可能です。

ネットワークセグメントとルーティング

10進法で表現したIPアドレス	250 . 150 . 50 . 11
10進法で表現したサブネットマスク値	255 . 255 . 255 . 0
10進法で表現したネットワークアドレス	250 . 150 . 50 . 0
2進法で表現したIPアドレス	11001000 . 10010110 . 00110010 . 00001011
2進法で表現したサブネットマスク値	11111111 . 11111111 . 11111111 . 00000000
2進法で表現したネットワークアドレス	11001000 . 10010110 . 00110010 . 00000000

ネットワークアドレス部　ホストアドレス部

- サブネットマスク値が1の部分がネットワークアドレス部、0の部分がホストアドレス部となる
- ネットワークアドレスはネットワーク自体のアドレスを示すものであり、ホストに割り当てることはできない
- 上の値では、200.150.50.0というネットワークの、11というホスト、という意味になる
- 上の値をもつホストと通信できるのは、250.150.50.0というネットワークアドレスをもつIPアドレスと、255.255.255.0というサブネットマスク値を持つホストのみである

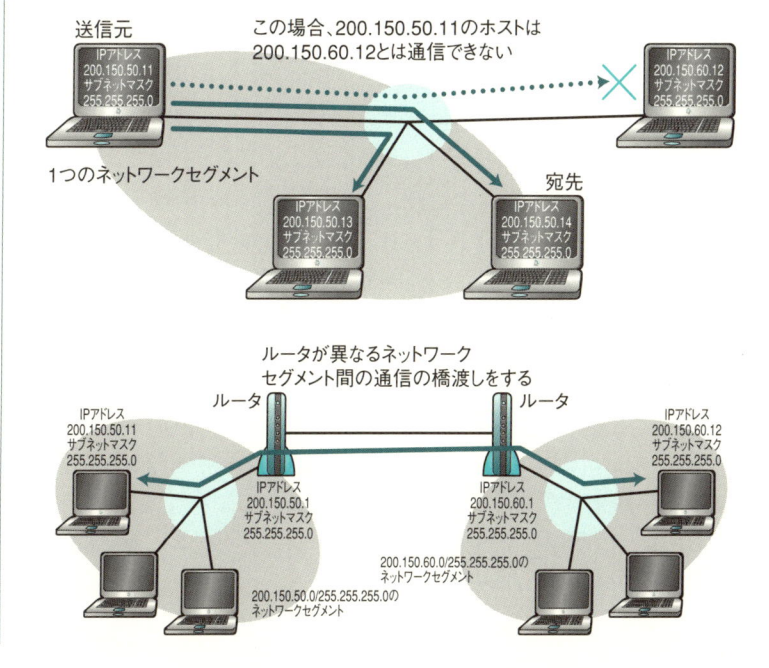

送信元

この場合、200.150.50.11のホストは200.150.60.12とは通信できない

IPアドレス
200.150.50.11
サブネットマスク
255.255.255.0

IPアドレス
200.150.60.12
サブネットマスク
255.255.255.0

1つのネットワークセグメント　　宛先

IPアドレス
200.150.50.13
サブネットマスク
255.255.255.0

IPアドレス
200.150.50.14
サブネットマスク
255.255.255.0

ルータが異なるネットワーク
セグメント間の通信の橋渡しをする

ルータ　　　　　　　　ルータ

IPアドレス
200.150.50.11
サブネットマスク
255.255.255.0

IPアドレス
200.150.60.12
サブネットマスク
255.255.255.0

IPアドレス
200.150.50.1
サブネットマスク
255.255.255.0

IPアドレス
200.150.60.1
サブネットマスク
255.255.255.0

200.150.60.0/255.255.255.0の
ネットワークセグメント

200.150.50.0/255.255.255.0の
ネットワークセグメント

ネットワークインタフェース層：Ethernet、ATM、ISDN、ADSLなど

インターネット層から受け取ったデータグラムを電気信号に変換し、物理的に伝送するのが、ネットワークインタフェース層の役割です。ネットワークインタフェース層は、OSI参照モデルにおけるデータリンク層と物理層の2つをあわせた部分に相当します。物理的な接続を提供するのが物理層で、その上で電気あるいは光信号による通信をどのように行うかに関わるのがデータリンク層です。

TCP/IP通信に用いられるネットワークインタフェースの種類は、一般ユーザにも使用されるISDNやADSL、業務用の長距離高速通信に使用されるATM（Asynchronous Transfer Mode）など多岐にわたりますが、オフィスなどの建物内におけるインタフェースとして最も広く普及しているEthernetを例として見てみましょう。物理層にあたるのがNIC（Network Interface Card）やケーブル、データリンク層にあたるのがNICのドライバソフトウェアです。

NICには、IPアドレスとは別に、NICを物理的に識別するためのMAC（Media Access Control）アドレスが割り当てられています。このMACアドレスは、メーカの識別情報と個々のNICの識別情報からなり、世界中で同じMACアドレスを持つ個体が存在しないことになっています。

NICのドライバソフトウェアは、インターネット層から受け取ったIPデータグラムにEthernetヘッダを付加し、Ethernetフレームを生成します。Ethernetヘッダには、送信元および宛先となるコンピュータのMACアドレスが含まれます。このEthernetフレームを、NICやケーブルを通じて信号として伝送し、宛先となるNICに信号を届けます。Ethernetフレームを受け取ったNICは、フレームからEthernetヘッ

ダを取り除き、IPに渡します。ここまでがネットワークインタフェース層の役割です。

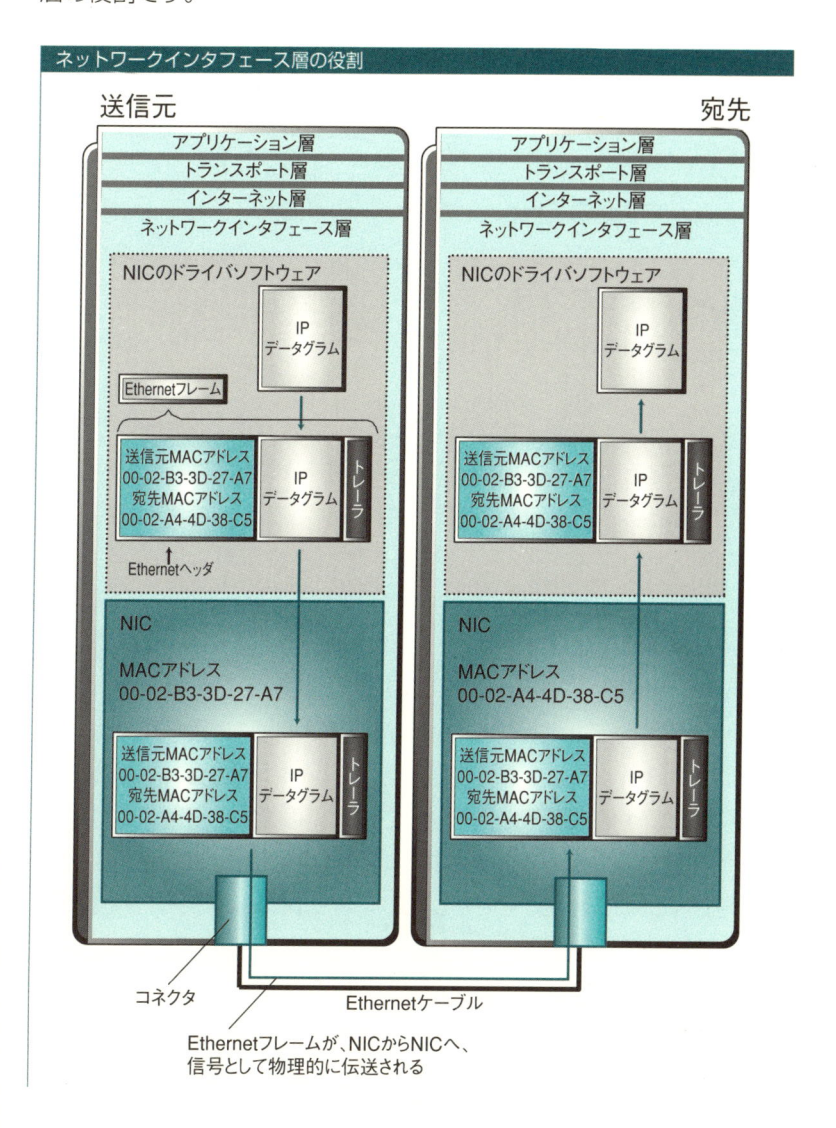

ネットワークインタフェース層の役割

送信元
- アプリケーション層
- トランスポート層
- インターネット層
- ネットワークインタフェース層

NICのドライバソフトウェア

IPデータグラム

Ethernetフレーム
- 送信元MACアドレス 00-02-B3-3D-27-A7
- 宛先MACアドレス 00-02-A4-4D-38-C5
- IPデータグラム
- トレーラ

Ethernetヘッダ

NIC
MACアドレス 00-02-B3-3D-27-A7

- 送信元MACアドレス 00-02-B3-3D-27-A7
- 宛先MACアドレス 00-02-A4-4D-38-C5
- IPデータグラム
- トレーラ

宛先
- アプリケーション層
- トランスポート層
- インターネット層
- ネットワークインタフェース層

NICのドライバソフトウェア

IPデータグラム

- 送信元MACアドレス 00-02-B3-3D-27-A7
- 宛先MACアドレス 00-02-A4-4D-38-C5
- IPデータグラム
- トレーラ

NIC
MACアドレス 00-02-A4-4D-38-C5

- 送信元MACアドレス 00-02-B3-3D-27-A7
- 宛先MACアドレス 00-02-A4-4D-38-C5
- IPデータグラム
- トレーラ

コネクタ　Ethernetケーブル

Ethernetフレームが、NICからNICへ、信号として物理的に伝送される

ネットワークのトポロジと論理的な分割

　前節で、MACアドレスは物理的なアドレスである、と書きました。これに対してIPアドレスは設定により変更可能なので、論理的なアドレスであるといえます。コンピュータ同士は最終的にIPアドレスを基準とする論理的な通信を行うわけですが、信号の伝送は物理的な接続により行われます。言い換えれば、論理的な接続は物理的な接続の上に成り立つものなのです。そこで、コンピュータ同士がどのような形態で接続されるものなのか（これをトポロジといいます）、Ethernetを中心として見てみましょう。

　ネットワークインタフェース層でも取り上げたEthernetは、スター型トポロジをとることが可能です。スター型トポロジは、集線装置（ハブ）を中心として多数のホストを相互に接続できるトポロジです。接続可能なホストの数はハブにより物理的に制限されますが、ハブ同士を接続（これをカスケード接続といいます）することで、さらに多くのホストを接続することができます。

　ハブは、単に物理的に信号を伝送するだけの装置です。すなわち、ハブを経由してのコンピュータ同士の接続は、物理的には直接接続されている、と理解することが可能なものです。Ethernetによるネットワークインタフェース層での通信は、この接続の範囲で可能となります。論理的に異なるネットワークを物理的に直接接続することも可能ですが、結局TCP/IP通信ができないのは、ネットワークセグメントとルーティングの節ですでに見たとおりです（実際には、あえてこのように接続されることはあまりありません）。

　スター型以外にも、ネットワークのトポロジの種類はあります。代表的なのはバス型、リング型です。バス型は1本の回線に複数のホストが

ネットワークのトポロジと論理的な分割

接続される形態、リング型はすべてのホストがリング状に接続される形態です。

スター型トポロジによる物理的接続と論理的なネットワークの分割の例

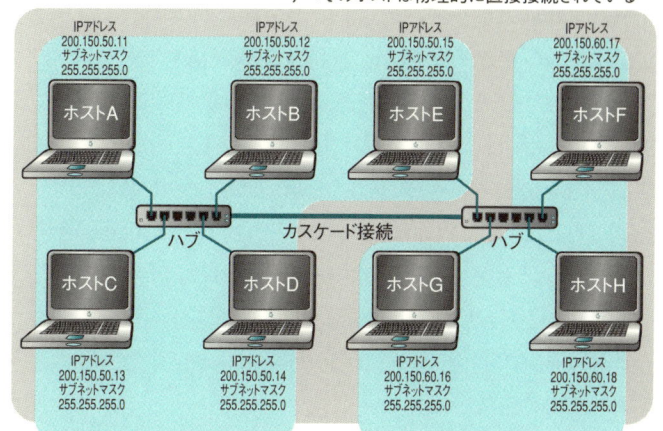

すべてのホストは物理的に直接接続されている

ホストA
IPアドレス
200.150.50.11
サブネットマスク
255.255.255.0

ホストB
IPアドレス
200.150.50.12
サブネットマスク
255.255.255.0

ホストE
IPアドレス
200.150.50.15
サブネットマスク
255.255.255.0

ホストF
IPアドレス
200.150.60.17
サブネットマスク
255.255.255.0

ハブ ーーー カスケード接続 ーーー ハブ

ホストC
IPアドレス
200.150.50.13
サブネットマスク
255.255.255.0

ホストD
IPアドレス
200.150.50.14
サブネットマスク
255.255.255.0

ホストG
IPアドレス
200.150.60.16
サブネットマスク
255.255.255.0

ホストH
IPアドレス
200.150.60.18
サブネットマスク
255.255.255.0

論理的に同じネットワーク
（1つのネットワークセグメント） ←→ （1つのネットワークセグメント）
論理的に異なるネットワーク
（異なるネットワークセグメント）

・ホストA～Eは、同じネットワークセグメントにあり、相互に通信できる
・ホストF～Hは、同じネットワークセグメントにあり、相互に通信できる
・ホストA～Eと、ホストF～Hとは、物理的に直接接続されているが、異なるネットワークセグメントにあるため、相互に通信することはできない

● バス型トポロジ

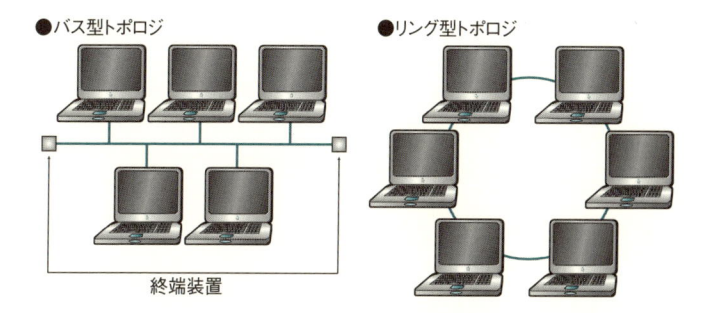

終端装置

● リング型トポロジ

2種類のアドレスとARP

さて、そろそろある疑問が湧いてきた方もいるかもしれません。IPアドレスが論理的なアドレスであり、変更可能なものであるならば、固定的なMACアドレスとの関係が、常に1対1ではないことになります。つまり、通信のたびにこの関係を確認する必要があるのですが、この仕組みはいったいどうなっているのでしょうか？

実は、このためにARP（Address Resolution Protocol：アドレス解決プロトコル）という特殊なプロトコルが用意されています。IPが宛先にデータグラムを送ろうとするとき、ARPは宛先IPアドレスを持つホストのMACアドレスを調べるため、同じネットワークセグメントにある全ホスト宛の通信であるブロードキャストにより、問合せを実行します。

同じセグメントにあるすべてのホストは、この問合せを受けます（物理的に直接接続されていても、異なるネットワークセグメントにあるホストは、自身宛の問合せではないので無視します）。問合せを受けたホストの中に、問合せ対象のIPアドレスを持つホストがあると、そのホストは問い合わせたホストに対し、自身のMACアドレスを回答します。

こうして回答を受けたホストは、ネットワークインタフェース層において受け取ったMACアドレスをEthernetフレームの宛先にセットし、宛先ホストのネットワークインタフェース層との間で通信を行うことになります。

なお、一度解決したアドレスの情報は、しばらくの間ARPキャッシュテーブルという一覧に残され、必要以上に多くの問合せが発生しないようになっています。ちなみに、ARPはIPと同じインターネット層に位置しますが、IPとは異なり、上位層であるアプリケーション層からデ

2種類のアドレスとARP

ータを受け取るようなことはなく、インターネット層以下で機能します。

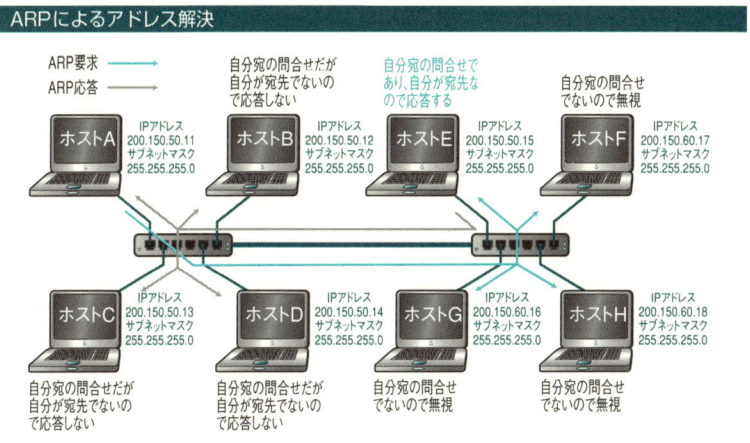

ARPによるアドレス解決

ARP要求 ──→
ARP応答 ──→

ホストA IPアドレス 200.150.50.11 サブネットマスク 255.255.255.0

ホストB 自分宛の問合せだが自分が宛先でないので応答しない
IPアドレス 200.150.50.12 サブネットマスク 255.255.255.0

ホストE 自分宛の問合せであり、自分が宛先なので応答する
IPアドレス 200.150.50.15 サブネットマスク 255.255.255.0

ホストF 自分宛の問合せでないので無視
IPアドレス 200.150.60.17 サブネットマスク 255.255.255.0

ホストC 自分宛の問合せだが自分が宛先でないので応答しない
IPアドレス 200.150.50.13 サブネットマスク 255.255.255.0

ホストD 自分宛の問合せだが自分が宛先でないので応答しない
IPアドレス 200.150.50.14 サブネットマスク 255.255.255.0

ホストG 自分宛の問合せでないので無視
IPアドレス 200.150.60.16 サブネットマスク 255.255.255.0

ホストH 自分宛の問合せでないので無視
IPアドレス 200.150.60.18 サブネットマスク 255.255.255.0

- ホストAが200.150.50.15のIPアドレスをもつホストと通信しようとするとき、ARP要求をブロードキャストする
- ホストA～Dは、同じネットワークセグメントにあり、自分宛の問合せとして認識するが、要求されたIPアドレスをもたないので応答しない
- ホストF～Hは、異なるネットワークセグメントにあるため、自分宛の問合せとして認識せず、無視する
- ホストEは、同じネットワークセグメントにあり、自分宛の問合せとして認識し、要求されたIPアドレスをもつため応答し、自分のMACアドレスを回答する

※**ブロードキャストアドレス**

ホストアドレスが2進法表記ですべて1のアドレスをブロードキャストアドレスという。このアドレスは同じネットワークセグメントにあるすべてのホスト宛の通信に使用され、ホストに割り当てることはできない

上の例では、ホストA～Eのブロードキャストアドレスは200.150.50.255、ホストF～Gのブロードキャストアドレスは200.150.60.255

10進法で表現したIPアドレス	250	150	50	11
10進法で表現したサブネットマスク値	255	255	255	0
10進法で表現したブロードキャストアドレス	250	150	50	255
2進法で表現したIPアドレス	11001000	10010110	00110010	00001011
2進法で表現したサブネットマスク値	11111111	11111111	11111111	00000000
2進法で表現したブロードキャストアドレス	11001000	10010110	00110010	11111111

ネットワークアドレス部　　ホストアドレス部

デフォルトゲートウェイとルーティング

　ネットワークセグメントとルーティングの節で、「ネットワークアドレスが異なるホスト同士は、ルータがなければ通信できない」と書きましたが、これは、前節で見たARPによるアドレス解決ができないからです。では、ルータはいったいどうやって異なるネットワーク同士を接続しているのでしょうか？

　この疑問を解決するのが、デフォルトゲートウェイという概念です。

　ネットワークを他のネットワークと接続する場合、その出入口にはルータが置かれ、そのルータをゲートウェイと呼びます。ネットワークに接続されたホストは、同一ネットワーク上のホストと通信しようとする場合は、ARPにより宛先を探し当てることができますが、それ以外のネットワークのホストと通信しようとしても、宛先を見つけることができません。

　そこで、他のネットワークのホストと通信をしたい場合、ネットワーク設定でデフォルトゲートウェイを設定します。デフォルトゲートウェイには、そのネットワークのゲートウェイのIPアドレスを指定しておきます。そうすることで初めて、あるホストが別のネットワーク宛の通信をしようとする場合に、ARPリクエストに対してゲートウェイが応答し、送信元のホストはゲートウェイに対してフレームを送ることができます。

　そして、ゲートウェイは受け取ったフレーム内のIPデータグラムにおいて宛先となっているIPアドレスに向けて、IPデータグラムのルーティングを行います。以降、宛先までの経路上にあるホストは次々にルーティングを繰り返し、最終的に宛先ホストが属するネットワークのゲートウェイから、宛先ホストにフレームが渡されるのです。

デフォルトゲートウェイとルーティング

200.150.50.11が、200.150.60.12と通信しようとする場合

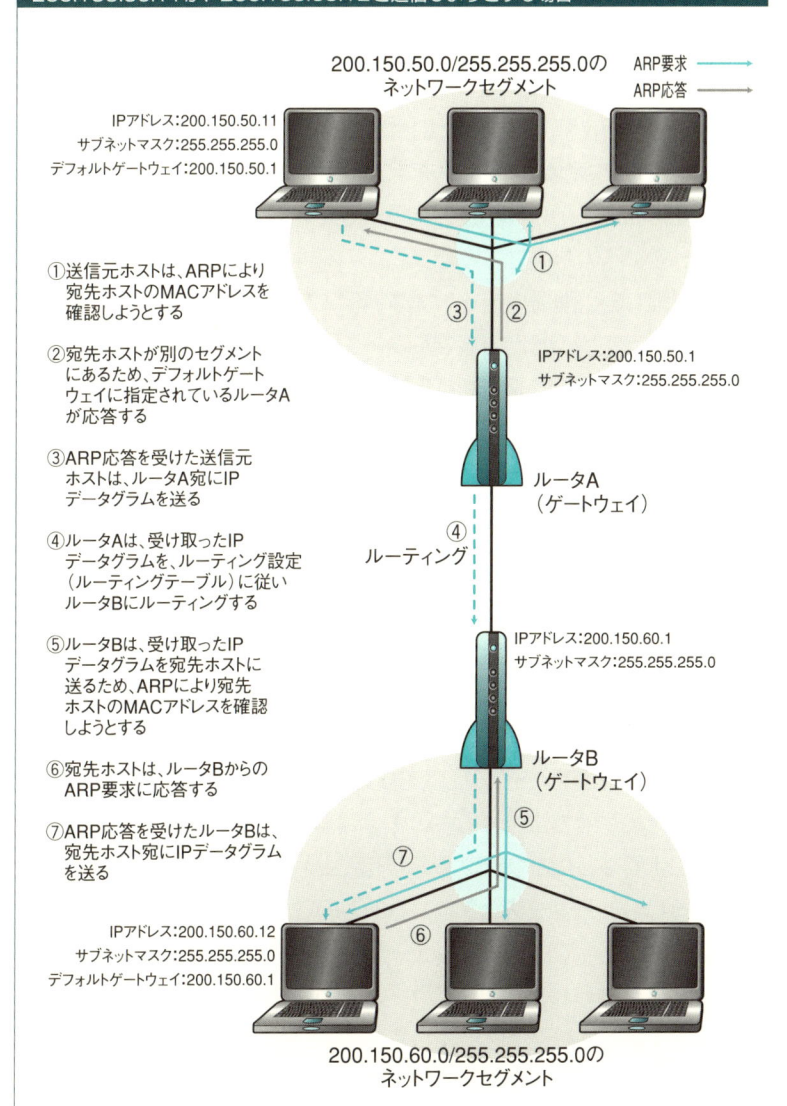

200.150.50.0/255.255.255.0の
ネットワークセグメント

ARP要求 ——→
ARP応答 ——→

IPアドレス：200.150.50.11
サブネットマスク：255.255.255.0
デフォルトゲートウェイ：200.150.50.1

①送信元ホストは、ARPにより宛先ホストのMACアドレスを確認しようとする

②宛先ホストが別のセグメントにあるため、デフォルトゲートウェイに指定されているルータAが応答する

IPアドレス：200.150.50.1
サブネットマスク：255.255.255.0

ルータA
（ゲートウェイ）

③ARP応答を受けた送信元ホストは、ルータA宛にIPデータグラムを送る

④ルータAは、受け取ったIPデータグラムを、ルーティング設定（ルーティングテーブル）に従いルータBにルーティングする

④ルーティング

IPアドレス：200.150.60.1
サブネットマスク：255.255.255.0

⑤ルータBは、受け取ったIPデータグラムを宛先ホストに送るため、ARPにより宛先ホストのMACアドレスを確認しようとする

⑥宛先ホストは、ルータBからのARP要求に応答する

ルータB
（ゲートウェイ）

⑦ARP応答を受けたルータBは、宛先ホスト宛にIPデータグラムを送る

IPアドレス：200.150.60.12
サブネットマスク：255.255.255.0
デフォルトゲートウェイ：200.150.60.1

200.150.60.0/255.255.255.0の
ネットワークセグメント

オープンなシステムのデメリット、トラブルシューティング

　OSI参照モデルやTCP/IPといった仕組みの登場により、コンピュータネットワークはベンダの垣根を越えたオープンなシステムとして劇的な発展を見せました。しかし、その一方でトラブルシューティングが難しくなっているのもまた事実です。

　ベンダ固有の、階層構造をもたないシステムの場合は問題の切り分けはシンプルですが、現代のネットワークにおいてトラブルが発生した場合、ネットワークを構成する数多くの要素のうち、どこに問題があるのかを発見するのは、時と場合によっては困難を極めます。

　しかし、どのような階層構造からなっているのか、その仕組みを理解していれば、どこまではたどり着けるかを検証することで問題を特定することも可能です。

　あるWebページが見えない、という場合、ブラウザからWebサーバまでの通信経路のうち、どこかに問題が発生しているのであり、必ずしも「サーバが落ちている」とは限りません。これを、段階を踏んで仮定と検証を行い、問題を切り分けていくのです。

　例えば、pingを打ちその反応を見ることで、通信相手との間でIP通信が成立しているかどうかがわかります。IP通信が成立していない場合、どこまでならたどり着けるのかをtracerouteで調べる方法があります。同じネットワークセグメントの別のコンピュータにもたどり着けないなら、使用しているコンピュータのNICが動作しているかを確かめます。NICが動作していれば、ケーブルがきちんと接続されているか、断線しているか、あるいは接続しているハブが動作していないか、といったところまで問題を絞り込むことができるわけです。

　自身が問題を解決すべき立場になくても、分析した結果を担当者に

オープンなシステムのデメリット、トラブルシューティング

伝えるだけで、問題の解決までの時間を大幅に早めることができます。

トラブルシューティングの例

Webブラウザで、あるWebサイトが見えない

↓

他のWebサイトが見えるか？
　見える→Webサーバがダウンしてるか
　　　　Webサーバがあるネットワークへの経路が
　　　　断たれている＝自分では解決が難しい
　見えない→他に原因があるので、探ってみる

↓

どこかの外部ネットワークのホストにpingが通るか？
　通る→Webブラウザの設定が誤っている
　通らない→ネットワークのどこかに、通信が途切れる
　　　　　原因があるので、探ってみる

↓

デフォルトゲートウェイにpingが通るか？
　通る→ゲートウェイより外への経路が断たれている
　　　　＝自分では解決が難しいので、ネットワークの
　　　　管理者に連絡する
　通らない→ネットワーク上の比較的近いところに
　　　　　通信が途切れる原因があるので、
　　　　　探ってみる

↓

ネットワークにつながってるはずの近くの
コンピュータのうち何台かにpingが通るか？
　通る→ゲートウェイのホストがダウンしている
　　　　かもしれないので、管理者に連絡する
　通らない→自分のコンピュータのどこかに問題がある
　　　　　かもしれないので、探ってみる

↓

自分のコンピュータにpingが通るか？
　通る→自分のコンピュータにつながっている
　　　　ケーブルをチェックする
　　　　（断線していないか、コネクタがきちんと
　　　　　挿入されているか）
　通らない→自分のコンピュータのNICが
　　　　　故障している可能性がある

クライアント
- アプリケーション層
- トランスポート層
- インターネット層
- ネットワークインタフェース層

ハブ

ルータ

ルータ

サーバ
- アプリケーション層
- トランスポート層
- インターネット層
- ネットワークインタフェース層

インターネット関連の標準化・資源管理団体

　本章においては、TCP/IP通信がさまざまなプロトコルから成立するものであることが理解できたと思います。それらのプロトコルは世界共通のものであり、制定している国際的な団体が存在します。

　インターネット関連の標準化や資源管理の全般的な方向づけを行うのが、ISOC（Internet Society：インターネット学会）です。ISOCにはいくつかの下部組織があり、それぞれ担当する分野が異なります。

　ISOCの下で各種のインターネット標準を策定しているのがIETF（Internet Engineering Task Force：インターネット技術標準化委員会）です。IETFが策定するインターネット標準はRFC（Requests For Comment）として発行され、ISOCがその著作権を管理しています。

　IETFがRFCを策定する前段階において、将来的な技術についての検討・議論を行う組織としてIRTF（Internet Reseach Task Force：インターネット次世代技術研究委員会）があります。IRTFでの議論の結果として、IETFに対して標準化に関する提案がなされ、IETFでの検討を経てRFCが発行されます。

　RFCの原型は米国防総省の研究成果であり、元々は非公開となっていました。しかし、ネットワーク技術を広く普及させるために公開されるようになり、インターネット技術の標準となっています。TCP/IP通信において使用される各種のプロトコルも、RFCにより規定され、世界共通の仕様となっています。

　IPアドレスやポート、ドメインなどインターネットで使用される各種資源の管理を行っているのがICANN（Internet Corporation for Assigned Names and Numbers）です。

インターネット関連の標準化・資源管理団体

　ドメイン名の管理はICANNの下でInterNIC（Network Information Center）、RIPE-NIC、APNICが中心となっています。そして、それらの下で各国のNICがそれぞれの国内におけるドメイン名の管理を行っています。JPドメインを管理しているのがAPNICの下部に位置するJPNICです。
　このように、インターネットを支える技術は、関連団体により規格化・標準化されています。

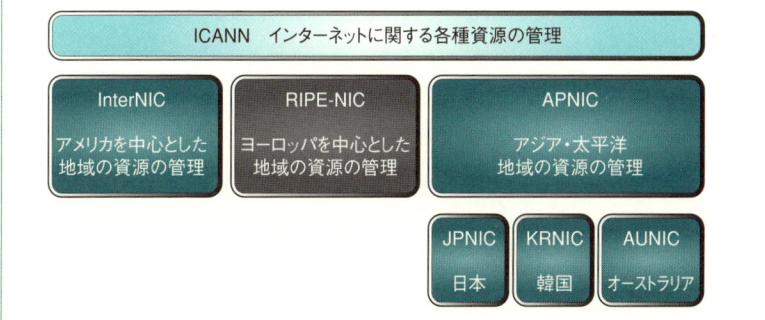

インターネット関連の標準化・資源管理団体

- **ISOC**　インターネット関連技術の開発や標準化など
- **IAB**　インターネット関連技術の標準を決定
  - **IETF**　インターネット関連技術の標準化 → RFCの発行
  - **IRTF**　RFC策定の前の段階における検討・議論

- **ICANN**　インターネットに関する各種資源の管理
  - **InterNIC**　アメリカを中心とした地域の資源の管理
  - **RIPE-NIC**　ヨーロッパを中心とした地域の資源の管理
  - **APNIC**　アジア・太平洋地域の資源の管理
    - **JPNIC**　日本
    - **KRNIC**　韓国
    - **AUNIC**　オーストラリア

3

サーバの機能と種類

サーバはどのように分類されるか？

みなさんは、○○サーバといったらどんなサーバを思いつくでしょうか？ Webサーバ、メールサーバ、Windowsサーバ、Linuxサーバ、データベースサーバ、UNIXサーバ……もっと多くのサーバの種類をご存知の方もいらっしゃるかと思います。

上記のサーバの中には、異なる基準で分類したものが混ざっています。どんな分け方をしているかわかるでしょうか？ ここではまず、どんな分け方があるのかを見てみましょう。

「コンピュータとは何か？」といった話題で必ずといっていいほどいわれることですが、コンピュータはソフトウェアがなければただの箱、といえます。これは、ハードウェアだけでは人にとって何の役に立つものではなく、ハードウェアの上でソフトウェアが動作して初めて意味のあるものになる、ということを指してます。

そしてソフトウェアは、大きく分けて2つの種類があります。1つは、ワープロソフトや表計算ソフト、Webブラウザなどのように、私たちが直接利用するための機能をもつアプリケーションソフトウェアです。もう1つは、WindowsやMac OS、Linuxなどのように、アプリケーションソフトウェアが動作するための基盤として、ハードウェアの機能をアプリケーションソフトウェアに提供するOSです。

実は、サーバの分類も、これらのソフトウェアの種類により分類されるものなのです。最初に挙げたサーバの種類のうち、Webサーバ、メールサーバ、データベースサーバはアプリケーションによる分類、Windowsサーバ、Linuxサーバ、UNIXサーバはOSによる分類です。

ここからは、実際に私たちが利用するアプリケーションにより分類される各種サーバについて見ていきます。

サーバはどのように分類されるか？

サーバの分類

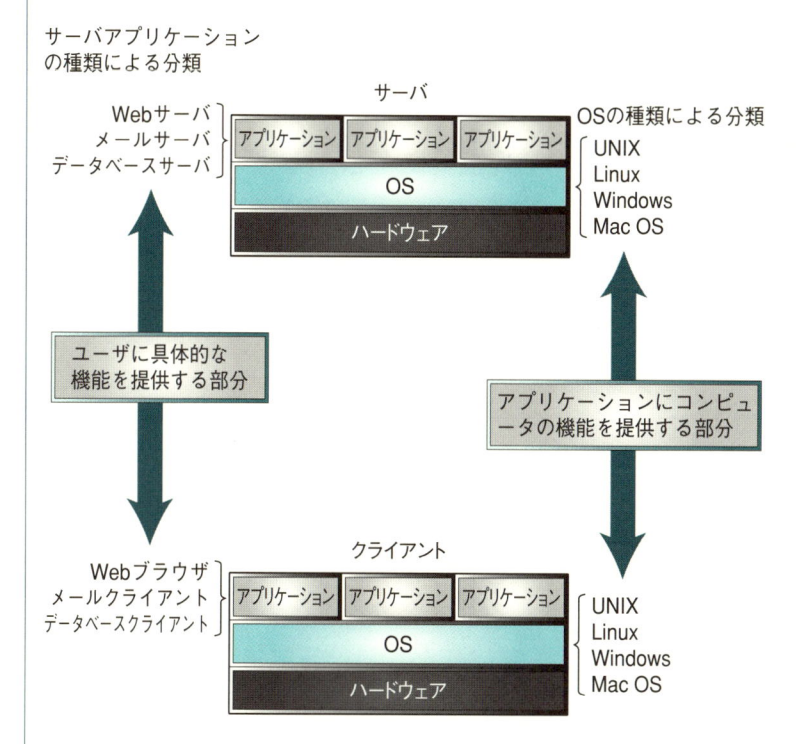

サーバアプリケーションの種類による分類

- Webサーバ
- メールサーバ
- データベースサーバ

サーバ：アプリケーション / OS / ハードウェア

OSの種類による分類
- UNIX
- Linux
- Windows
- Mac OS

ユーザに具体的な機能を提供する部分

アプリケーションにコンピュータの機能を提供する部分

クライアント：アプリケーション / OS / ハードウェア

- Webブラウザ
- メールクライアント
- データベースクライアント

- UNIX
- Linux
- Windows
- Mac OS

OSがサーバであるかどうかを決めるのではなく、
サーバアプリケーションが動作するかどうかがサーバであるかどうかを決める

> ex. サーバアプリケーションが動作する、OSがUNIXであるコンピュータがUNIXサーバ

Webサーバ①基本的な機能

インターネットを使うと聞いてまず思いつくのが、Webページ（ホームページ）の閲覧でしょう。興味あるアーティスト、商品、個人、あるいは企業のWebページを見てさまざまな情報を得る、ということは多くの方々が日常的に行っていることだと思います。

Internet ExplorerなどのWebブラウザを起動し、目的とするWebサイトのURLを入力あるいはブックマークをクリックすると間もなく、さまざまなコンテンツが表示されます。

このとき、Webブラウザ（クライアント）からのリクエストを受けて、HTML文書をはじめとしたコンテンツをWebブラウザに対して送っているのがWebサーバです。

WebブラウザとWebサーバとの間の通信は、HTTP（Hyper Text Transfer Protocol）というプロトコルに基づき行われます。Hyper Textとは、文書に貼られたリンクを介して文書間を行き来できる仕組み（Hyper Link）を備えた文書です。これらの文書は、HTML（Hyper Text Markup Language）という言語を用いて記述されます。HTMLは、文章の改行、行間、画像の貼付位置など、文書の構造を記述するための言語です。

WebサーバがWebブラウザからリクエストを受けると、該当するHTML文書とそれに関係する画像や音声などをWebブラウザに対して送信します。

WebブラウザはWebサーバから文書データを受信し、HTMLにより記述された文書の構造を解釈します。そして、解釈結果に基づき文字や画像を含めたWebページの描画を行い、画面上に表示します。

こうして表示されたコンテンツにより、また、コンテンツ上に配され

Webサーバ①基本的な機能

たHyper Linkをたどっていくことで、私たちはおよそ無限ともいえる量の情報にアクセスすることができるのです。

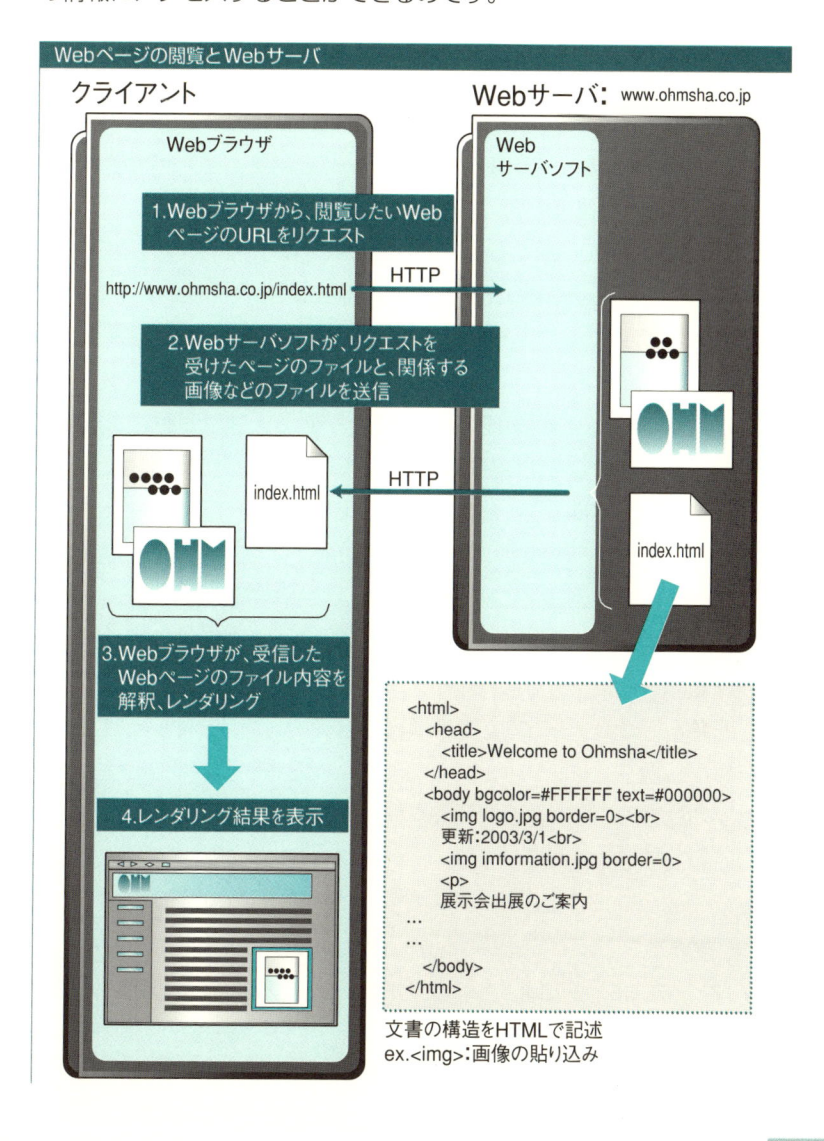

Webページの閲覧とWebサーバ

クライアント

Webブラウザ

1. Webブラウザから、閲覧したいWebページのURLをリクエスト

http://www.ohmsha.co.jp/index.html

HTTP

Webサーバ： www.ohmsha.co.jp

Webサーバソフト

2. Webサーバソフトが、リクエストを受けたページのファイルと、関係する画像などのファイルを送信

index.html

HTTP

index.html

3. Webブラウザが、受信したWebページのファイル内容を解釈、レンダリング

4. レンダリング結果を表示

```
<html>
  <head>
    <title>Welcome to Ohmsha</title>
  </head>
  <body bgcolor=#FFFFFF text=#000000>
    <img logo.jpg border=0><br>
    更新：2003/3/1<br>
    <img imformation.jpg border=0>
    <p>
    展示会出展のご案内
...
...
  </body>
</html>
```

文書の構造をHTMLで記述
ex.<img>：画像の貼り込み

Webサーバ②動的コンテンツ

インターネットを利用していると、誰でも1度はYahoo!やGoogleなどの検索エンジンで、欲しい情報が掲載されているWebページを検索したことがあるかと思います。キーワードを変えると、検索結果としてそのたびごとに違う内容のWebページが出現します。

また、BBS (Bulletin Board System：電子掲示板) に書込みを行うことで、それまで表示されていた内容に書き込んだ内容が追加され、新たなWebページとして表示されるのを見たことがある人もいらっしゃるでしょう。

あるいは、Web上で買い物をしたことがある人は、商品を選択するたびに「買い物カゴ」に商品が溜まっていき、買った分の料金がWebページ上に表示されることを体験しているはずです。

これらのように、アクセスするたびにその内容が変化するWeb コンテンツを、動的コンテンツと呼びます（対して、作成者がアップロードしなければ内容が変化しないものを静的コンテンツと呼びます）。

かつてのWebサーバは、蓄積されたHTML文書をWebブラウザに対して送るだけの、一方向だけの情報発信機能しか持っていませんでした。しかし現在では、Webサーバはビジネス、あるいはコミュニケーションのための、インタラクティブな情報交換のためのインタフェースとしての役割を果たしています。

動的コンテンツの生成処理のためには CGI (Common Gateway Interface) や SSI (Server Side Include) あるいはASP (Active Server Pages) やJSP (Java Server Pages) といった技術が使用されます。

さらには、アプリケーションサーバやデータベースサーバといった別

種のサーバと連携して、大規模かつ複雑な企業向けシステムのインタフェースとして動的コンテンツ生成が使用されることもあります。こうしてWebサーバは、ますますその活躍の場を広げています。

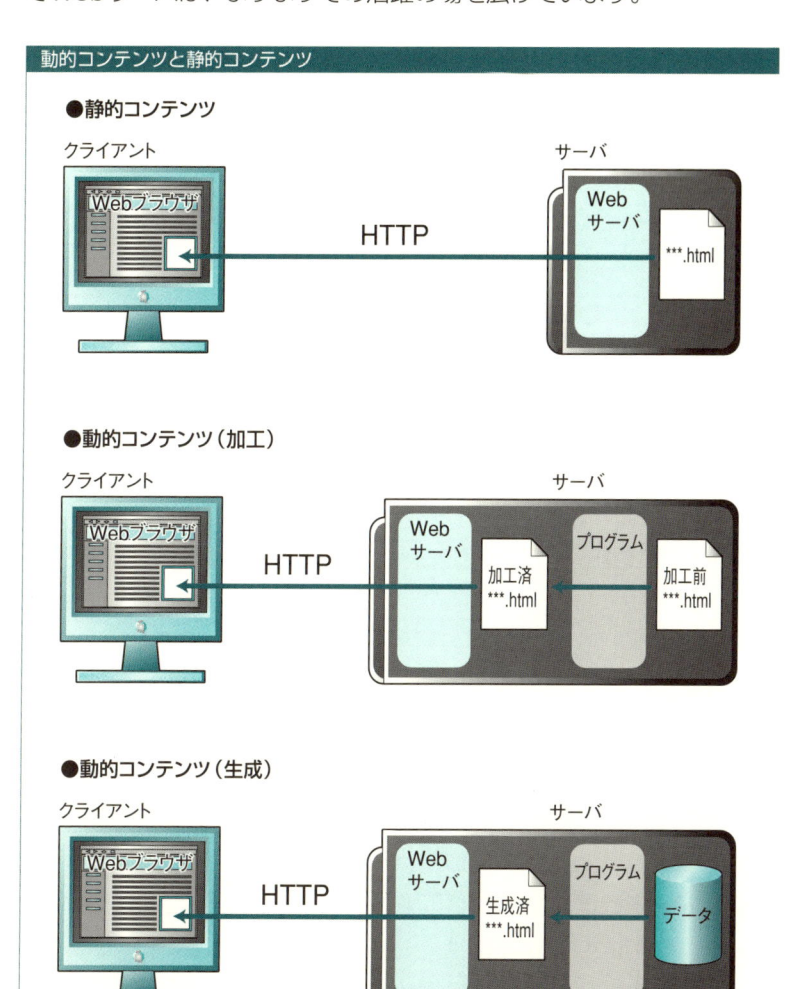

動的コンテンツと静的コンテンツ

●静的コンテンツ

●動的コンテンツ（加工）

●動的コンテンツ（生成）

Webサーバ③ CGI、SSI

　動的コンテンツ生成のために使用される代表的な技術として、まずはCGIとSSIを紹介します。

　CGIは、UNIX系プラットフォーム上の技術として開発されたもので、ユーザからの入力に応答することが可能なプログラムとWebサーバとを連携させる仕組みのことです。ユーザがWebページにデータを入力すると、その入力がWebサーバを通して起動される別のプログラムに渡され、プログラムは渡された内容に基づき何らかの処理を行い、処理結果がWebサーバを通してWebブラウザに返される、というような制御が可能です（このCGIの仕組みの中で起動されるプログラムをCGIプログラムと呼びます）。

　CGIプログラムによる処理で、HTMLドキュメントを作成あるいは改変することで、新たな内容のWebページが生成されるわけです。CGIプログラムの言語としては、主にPerl（コンパイル不要のスクリプト言語）が使用されますが、もちろん、C言語なども使用可能です。Perlなどのスクリプト言語で記述されたものはCGIスクリプトと呼ばれます。

　CGIは、基本的にUNIX系環境で稼動する仕組みですが、Windows環境やMacintosh環境でも、PerlやWebサーバソフトウェアをインストールすることで、CGIを使用することができます。

　SSIは、WebサーバがWebブラウザにHTML文書を送る際に、文書内のタグに埋め込まれたコマンドを処理し、その部分を何らかのHTMLの内容に置き換える仕組みです。コマンドからCGIを呼び出し、CGIにより生成された内容を埋め込むこともできます。

　SSIも、基本的にはUNIX系の仕組みです。Windows環境でSSI的な仕組みが必要な場合は、ASPという仕組みを使用することが一般的

Webサーバ③CGI、SSI

です。また、さまざまなプラットフォーム上で汎用的に使用できる仕組みとしてJSPがあります。

動的コンテンツ生成に使用されるCGIとSSI

●CGIによるページの加工

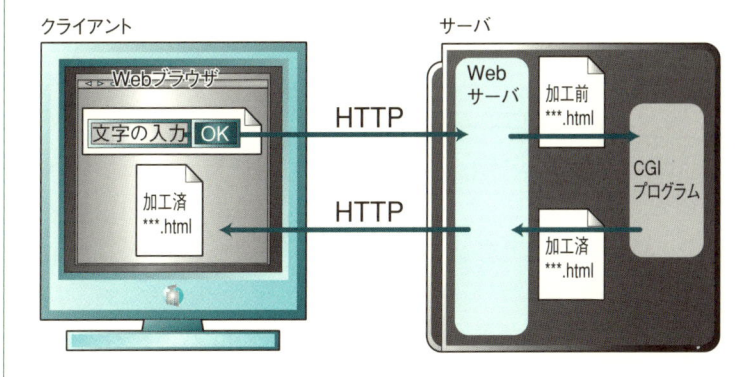

クライアント / サーバ

Webブラウザ — 文字の入力 OK — HTTP → Webサーバ → 加工前 ***.html → CGIプログラム
加工済 ***.html ← HTTP ← Webサーバ ← 加工済 ***.html

●SSIによるページの生成

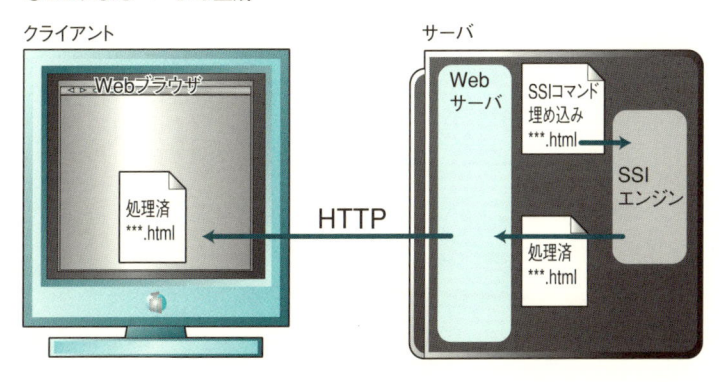

クライアント / サーバ

Webブラウザ — Webサーバ — SSIコマンド埋め込み ***.html → SSIエンジン
処理済 ***.html ← HTTP ← Webサーバ ← 処理済 ***.html

Webサーバ④ ASP、JSP

　動的にWebページを生成する仕組みとしては、主にUNIX環境で動作するCGIやSSIの他にも、ASPやJSPといった仕組みがあります。

　OSはWindows系、WebサーバソフトウェアはIIS（Internet Information Server）というようなWindows環境下において動的なWebページ生成を行う場合に一般的に使用されるのが、ASPという仕組みです。ASPはIISの一機能です。

　Webブラウザで処理を行い、動的に変化するページを表示するためのスクリプト言語としては、JavaScriptやJScript、VBScriptがあります。ASPはこのうちJScriptやVBScriptをサーバ側で処理し、処理結果をWebブラウザに返す仕組みです。CGIのようにもとのファイルを変更するようなものではなく、埋め込まれたスクリプトをそのまま実行し、その結果を再度埋め込むというイメージです。

　JSPはASPと似た仕組みですが、Java言語により構築されたプログラムを扱えることが基本的な特徴です。HTML中に埋め込まれたJavaプログラムを実行し、処理結果をWebブラウザに対して返す、というのがJSPの仕組みです。

　環境的な意味での両者の違いは、ASPがほぼWindows＋IIS環境でのみ実装可能となっているのに対して、JSPはApacheをはじめとしてさまざまなWebサーバ環境での利用が可能になっていることです。その代表的な開発環境ではJ2EEが有名です。

　また、ＡＳＰで動的コンテンツの生成を実行させるためには、VBScriptやJScriptといった独自仕様のスクリプト言語を使える必要がありますが、JSPで使用される言語はプラットフォームを問わずJavaですので、いろいろな環境に柔軟に対応できる、という点も大きな違い

Webサーバ④ASP、JSP

です。

　これらの技術により、Webサーバはその利便性を大きく拡大することになります。しかし、エンタープライズレベルではさらに高度な機能が必要な場合もあります。

ASPとJSPによるWebページの生成

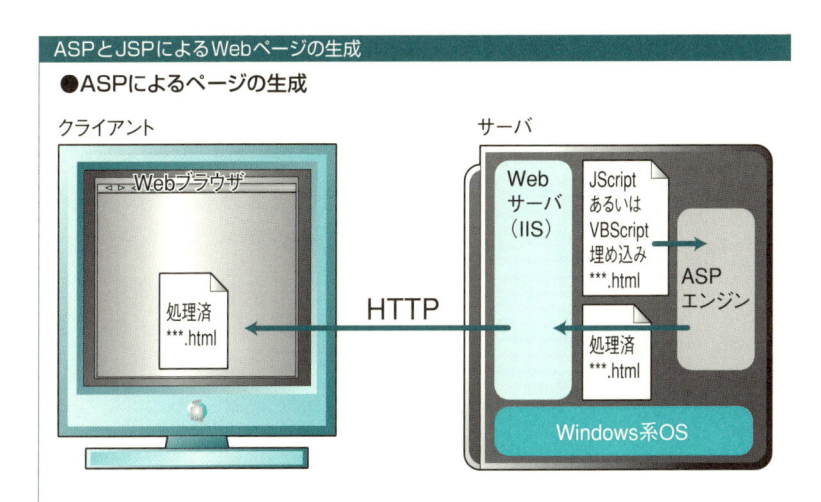

●ASPによるページの生成

クライアント　　　　　　　　　　　　　　　サーバ

Webブラウザ — 処理済 ***.html　←　HTTP　←　Webサーバ（IIS）／JScriptあるいはVBScript埋め込み ***.html／処理済 ***.html／ASPエンジン／Windows系OS

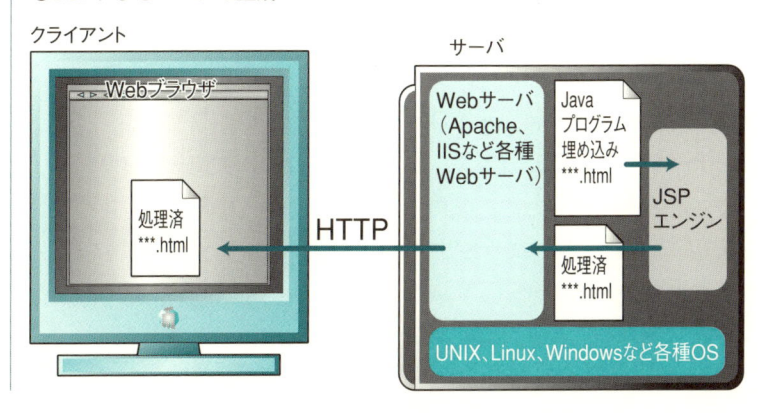

●JSPによるページの生成

クライアント　　　　　　　　　　　　　　　サーバ

Webブラウザ — 処理済 ***.html　←　HTTP　←　Webサーバ（Apache、IISなど各種Webサーバ）／Javaプログラム埋め込み ***.html／処理済 ***.html／JSPエンジン／UNIX、Linux、Windowsなど各種OS

Webサーバ⑤Javaサーブレット

　CGIなどを使用すれば、Webページをインタフェースとするかなり複雑なシステムを構築することが可能ですが、例えばデータベースへのアクセスが多発するようなシステムにおいては、その機能が十分でない場合もあります。

　CGIは、クライアントからのリクエストのたびにサーバ上で起動されるため、多数のクライアントが同時に使用するとその分だけ多くのプログラムが起動され、サーバに大きな負荷をかけることになります。

　また、ある一連の処理を複数のWebページ（画面）を移動しながら進めるタイプのシステム（例えば、商取引などに関わる処理を行うシステムですが）では、その処理の途中でクライアントが処理を中断した場合、リクエストがなければプログラムが起動せず処理を行わないCGIなどの仕組みでは、処理が継続されるのかどうかを補足できず、結果としてシステムの運用が成立しないことになります（Webサーバの仕組みがステートレスである、ということに起因する問題です）。

　このような問題を解決する手段となるのが、Javaサーブレットの利用です。Javaサーブレットは、サーバ上のプロセスとして起動し、メモリ上に常駐するJavaプログラムモジュールです。Javaサーブレットは処理中のデータをサーバのメモリ上に保存することが可能であるため、データベースとのコネクション管理、あるいはユーザのセッション管理が必要なシステムなどを構築するのに適しています。

　また、Javaでプログラミングされるものであるため、必要な環境を整えればプラットフォームやWebサーバの種類に依存することなくシステムを開発することが可能なのも大きなメリットです。

　Javaサーブレットを用いることで、Webブラウザというオープンな

Webサーバ⑤Javaサーブレット

インタフェースのメリットを最大限に生かしたシステムの構築が可能であるといえるでしょう。

Javaサーブレットの使用がサーバの負荷を軽減させる

● CGIの場合、アクセスするクライアントの数だけCGIプログラムが起動され、サーバに高い負荷がかかることになる

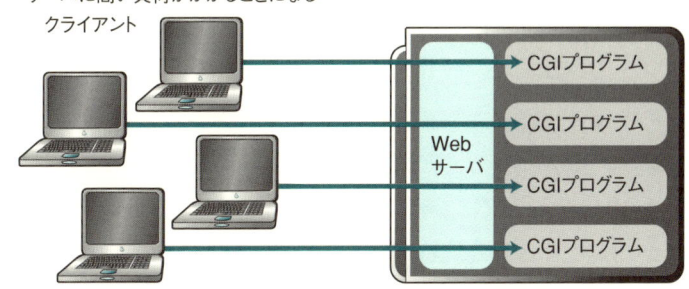

● CGIの場合、連続した処理の場合でも、その状態をサーバが保持しない
→クライアントとの接続が途中で切れると、データが中途半端な状態で残ってしまう

● Javaサーブレットの場合、サーバ上で動作するプログラムは1つ。
しかも、複数のクライアントのそれぞれ連続した処理の状態を保持することができる。
クライアントとの接続が途中で切れると、処理が初めから取り消される（矛盾が起きない）

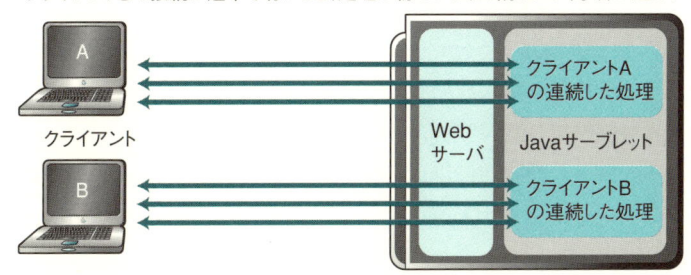

Webサーバ⑥ Webサーバのセキュリティ

　企業や省庁のWebページが改ざんされたというニュースを聞いたことがあるでしょうか？　大規模なものは時折ニュースにもなりますが、実際にはWebページの改ざんはかなりの数で毎日のように発生しています。

　これらの大半はWebサーバソフトウェアのセキュリティホールをついた攻撃によるものです。その多くは、バッファオーバーフローという現象を利用したもので、結果としてサーバのスーパーユーザ権限（Windowsの場合はAdministrator）を奪取され、サーバ内のファイルを改ざんされてしまうというものです。

　セキュリティホールが存在しないソフトウェアをつくるのは極めて困難であるとはいえ、何かこういった被害を防ぐ方法はないものでしょうか。例えば、ファイアウォールの内側にWebサーバを設置してもダメなのでしょうか？

　残念ながら、いくら強固なファイアウォールを構築したとしても、Webサーバを公開する以上、HTTPのポートは開かざるを得ず、HTTPポートを使用した攻撃に対しては無力です。

　しかし、数少ないながらも、対策はあります。Trusted OSやSecure OSと呼ばれる種類のOSを使用する方法がその1つです。商用の高価なものからフリーソフトまで、いくつかのソフトウェアが出回っています。これらはスーパーユーザ権限を事実上存在しないようにしたり、アクセス制御をユーザにより設定される権限に頼るのではなく、あらかじめ設定されたポリシーに強制的に従わせるといった機能を備えるもので、万が一、未知のセキュリティホールをついた攻撃によりスーパーユーザ権限を奪取されたとしても、その権限の行使を回避し、改ざん

を防ぐことができます。

　基本的なセキュリティを確保した上でこれを利用するのであれば、強力なツールになります。

Webサーバのセキュリティ

●Webサーバを動かす以上、FirewallにおいてもHTTPポートは開放する必要がある。
したがって、Webサーバソフトのセキュリティホールを狙ったHTTPによる攻撃は防げない

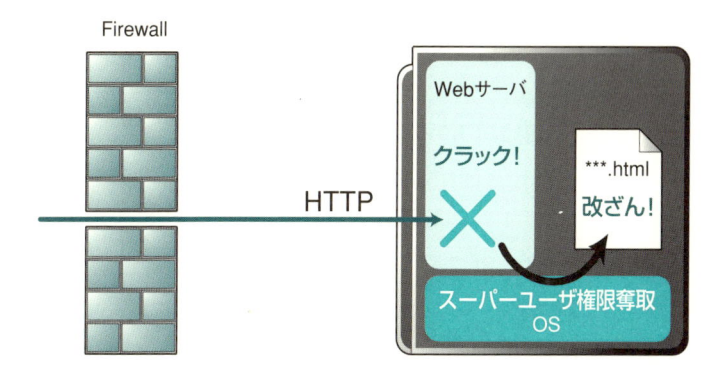

●Trusted OSの強制アクセス制御機能により、OS上のユーザ権限に関わらず
必要以外のアクセスを遮断することができる

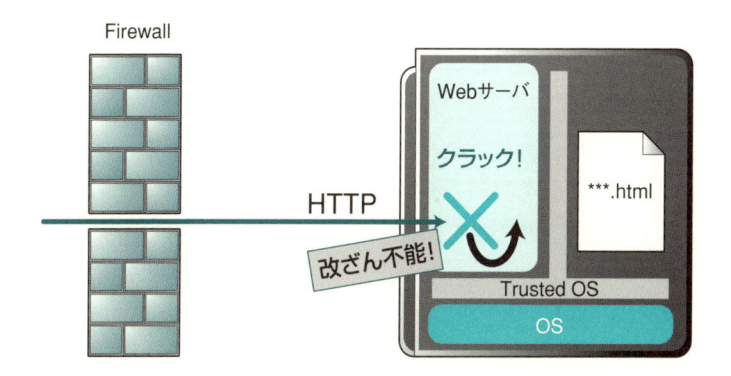

メールサーバ①電子メールの利便性とサーバ

　インターネットの利用方法で、Webページの閲覧と並んで広く普及しているのが、電子メールです。メール本文による連絡がもともとの使用方法でしたが、現在では他のアプリケーションで作成したファイルを添付(てんぷ)して資料のやりとりに使用したりすることもできます。結果として、現代では、電子メールは単なる連絡ツールではなく、さまざまな場面で活用されています。

　電子メールの特徴は、相手の様子を気にせず送れて、しかもその到着が数秒～数分と極めて速いことです。電話は、連絡内容の到達は非常に高速（というよりも、自分が話すと同時に相手に伝わる）ですが、両者が行動をあわせる必要があります。郵便は相手の様子を気にする必要はありませんが、相手への到達には数日～数週間かかります。電子メールは、電話と郵便のそれぞれよいところを集めたようなものだといえます。FAXもなかなかに便利なツールですが、紙が必要である点、送受信のためには回線の占有が必要であるなどの点から、電子メールの方がより便利であるといえるでしょう。

　そして、この利便性を支えるのが、メールサーバです。メールサーバは、その機能により送信メールサーバと受信メールサーバに分類されます。送信メールサーバは文字どおりメールの送信あるいは配送に使用されるサーバです。一方、受信メールサーバはユーザにポストあるいは私書箱のような機能を提供するサーバです。これらの機能が、相手の様子を気にせずに送ることができるという電子メールのメリットを私たちに提供しているのです。

　ところが、便利であるがゆえの問題というものも少なからずあります。電子メールによるウイルスの拡散や迷惑メール（スパムメール）は、電

メールサーバ①電子メールの利便性とサーバ

子メールの仕組みを巧妙に利用した行為であり、時には社会問題にもなり得ます。

電子メールの利便性を支えるメールサーバ

●電子メールは、あらゆるデータを高速に送受信でき、かつ相手と同期する必要がなく、回線を占有することもないので、非常に便利

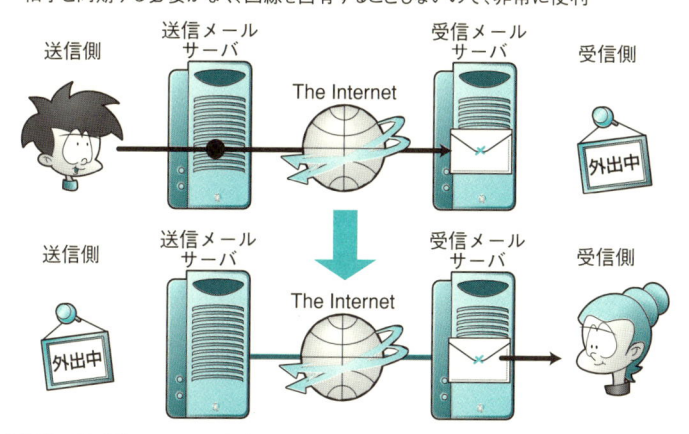

送信側　送信メールサーバ　The Internet　受信メールサーバ　受信側（外出中）

送信側（外出中）　送信メールサーバ　The Internet　受信メールサーバ　受信側

●電話は即時性については最高だが、回線を占有し、かつ、相手と同期する必要がある

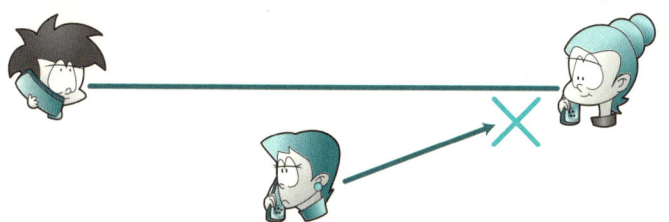

●FAXは相手（人）との同期の必要性は低いが、回線は占有する

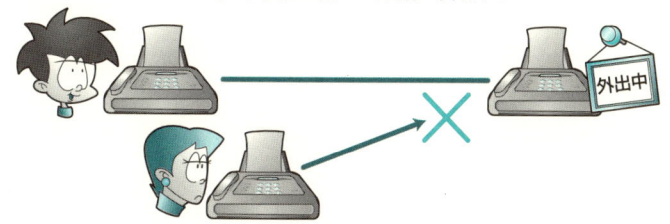

メールサーバ②電子メールに関わる各種プロトコル

　今となってはパソコンよりも携帯電話での電子メールの方が親しまれているかもしれません。携帯電話のメールは、使い始めるために必要なのはメールアドレスの設定（変更）くらいですから、今ひとつサーバというものの存在を実感できないかもしれません。

　しかし、パソコンではほとんどの場合、電子メールクライアントソフトウェアに設定を入力する必要があります。ISP（Internet Service Provider）から提供されたマニュアルをもとに、電子メールクライアントの設定に悪戦苦闘した経験を持つ方もいるかもしれません。そんな方なら、設定項目の中に「送信メールサーバ（SMTPサーバ）」「受信メールサーバ（POPサーバ、あるいはIMAPサーバ）」という項目があるのはご存知でしょう。

　すべての電子メールは、SMTPサーバを経由して送信され、またPOP（あるいはIMAP）サーバから受信するものです。送信と受信でサーバの種類が異なるのは、使用するプロトコルが違うからです。郵便でも、送るときは郵便ポスト（あるいは郵便局の窓口）に出す、受け取るときは自分のポストに入れられたものを取り出す、というようにやることが異なるのと同じだと思えばよいでしょう。

　SMTP（Sinple Mail Transfer Protocol）は、電子メールを送信・配送するためのプロトコルです。郵便でいえば、郵便物を郵便ポストに投函するところから、いくつかの郵便局を経由して宛先のポストに届くまでの過程が、SMTPの範囲です。

　POP（Post Office Protocol）やIMAP（Internet Message Access Protocol）は、電子メールクライアントがサーバから電子メールを受信するためのプロトコルです。郵便であれば、自分のポストに

メールサーバ②電子メールに関わる各種プロトコル

届いたメールを取り出す手続きが、POPあるいはIMAPの範囲です。

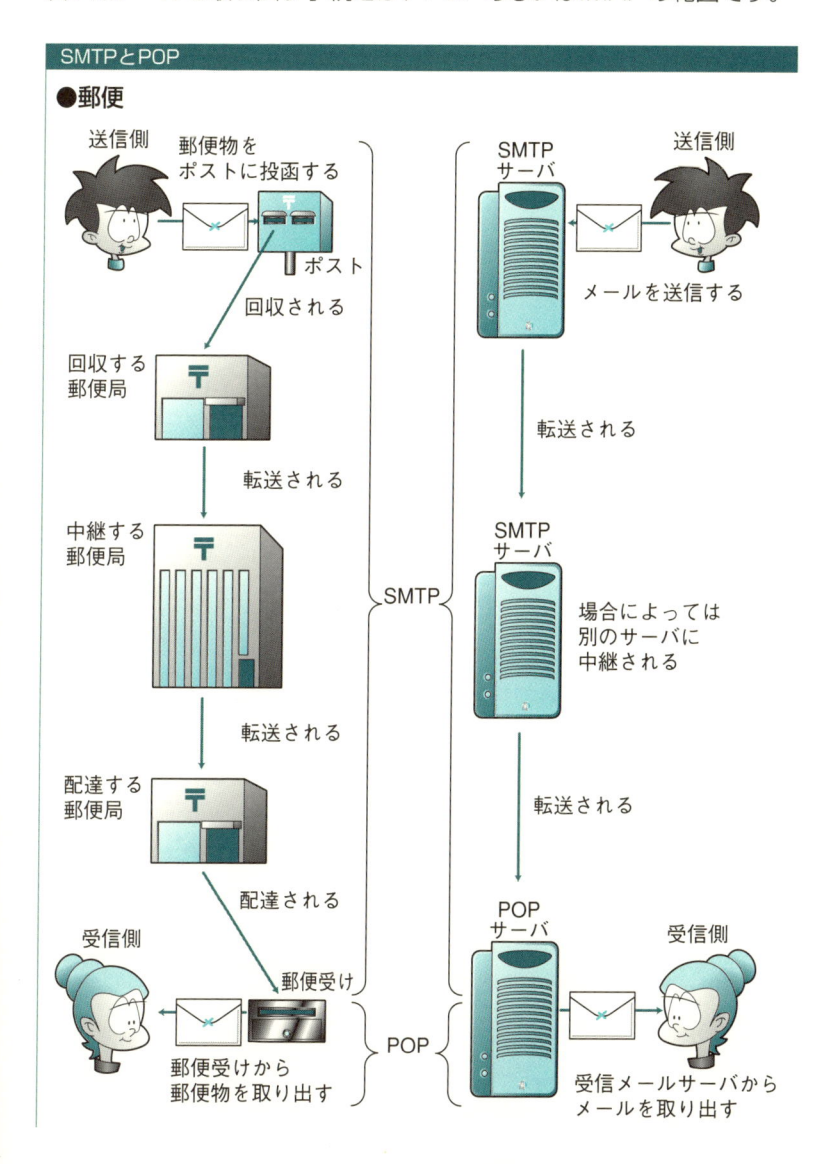

SMTPとPOP

●郵便

送信側 → 郵便物をポストに投函する → ポスト
↓ 回収される
回収する郵便局 〒
↓ 転送される
中継する郵便局 〒
↓ 転送される
配達する郵便局 〒
↓ 配達される
受信側 ← 郵便受け
郵便受けから郵便物を取り出す

（SMTP：ポスト〜配達する郵便局）
（POP：郵便受けから取り出す）

送信側 → メールを送信する → **SMTPサーバ**
↓ 転送される
SMTPサーバ — 場合によっては別のサーバに中継される
↓ 転送される
POPサーバ → **受信側**
受信メールサーバからメールを取り出す

メールサーバ③ POPとIMAPの違い

　POP（POP3）とIMAP（IMAP4）は、クライアントがサーバからメールを取得するためのプロトコルです。POPとIMAPは、受信メールの主な保管場所がどこかが大きな違いです。基本的には、POPはクライアントに、IMAPはサーバに保管するための仕組みです。

　前節で分類した受信メールサーバとは、あくまでもクライアントに対して受信メールを提供する役割を与えられているサーバということであり、そのサーバがSMTPを使わないわけではありません。受信メールサーバとして利用されているサーバが他のサーバからのメールを受信するときのプロトコルはSMTPです。

　クライアントに対してどのような方式（プロトコル）で受信メールを提供するかにより、受信メールサーバの種類が分かれます。

　POPは、クライアントがメールを受信しようとすると、サーバ内に蓄積されている未読のメールすべてを、送信者やタイトルを確認する間もなく、クライアントに対して送る仕組みです。サーバから送られたメールは、特別な設定をしない限りメールクライアント側の受信箱（あるいは受信トレイなど、アプリケーションによって呼び方が異なる）に蓄積されます。

　POPによる受信の場合、サーバに接続する際のパスワードが通常は平文で流れるため、パスワードを盗聴され、メールが盗まれる可能性があります。そこで、接続時の認証に暗号化の仕組みを加えたAPOPというプロトコルも存在します。

　IMAPは、サーバをそのまま受信箱として使用するような仕組みで、送信者やタイトルなどの情報を確認して、本文を読む（クライアントにて受信する）メールを選択できることが大きな特徴です。常にサーバ上

メールサーバ③POPとIMAPの違い

にデータがあるので、グループで共有するメールとしても使用可能です。もちろんユーザは、任意にメールを指定して削除することもできます。

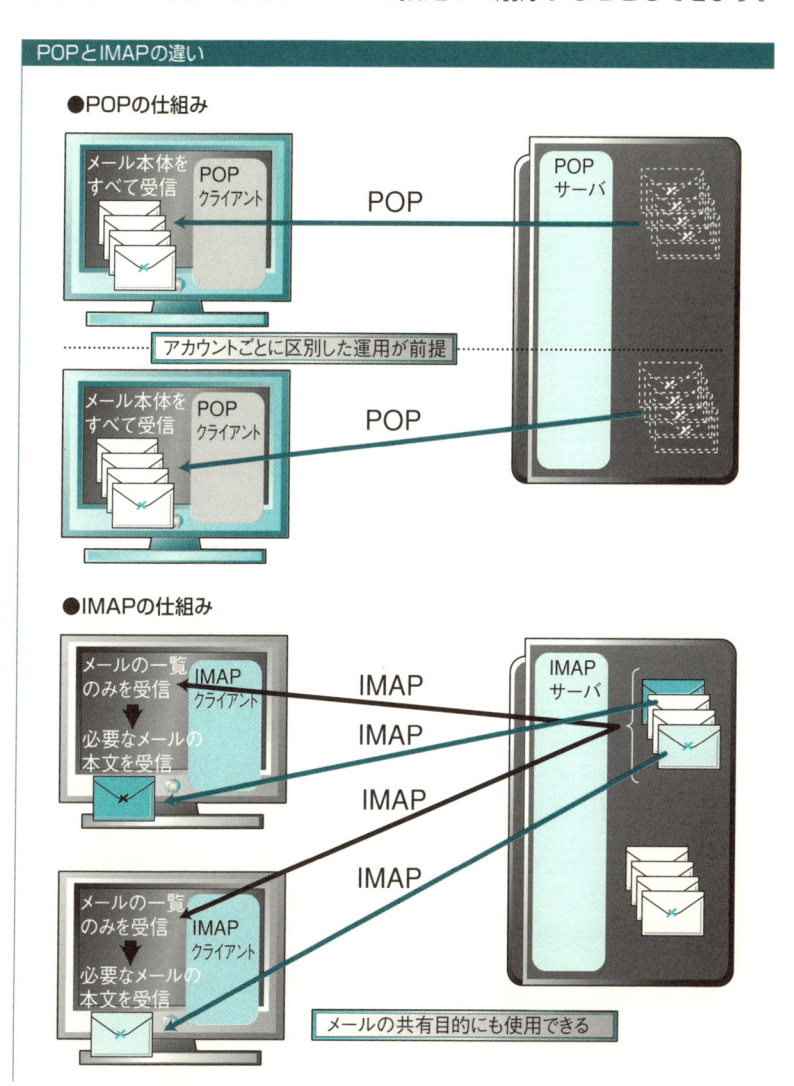

POPとIMAPの違い

●POPの仕組み

メール本体をすべて受信 / POPクライアント ← POP → POPサーバ

アカウントごとに区別した運用が前提

メール本体をすべて受信 / POPクライアント ← POP →

●IMAPの仕組み

メールの一覧のみを受信 / IMAPクライアント → 必要なメールの本文を受信 ← IMAP → IMAPサーバ

メールの一覧のみを受信 / IMAPクライアント → 必要なメールの本文を受信 ← IMAP →

メールの共有目的にも使用できる

メールサーバ④不正リレーとその対策

　みなさんは、自分が出したメールが、なぜか急にある特定の組織にだけ届かなくなった、という経験をされたことはあるでしょうか？

　このような現象は、多くの場合、メールサーバの不正リレー対策が講じられていないために発生するものです。

　メールサーバには、受け取ったメールを別のドメインへ転送する転送＝リレー機能があります。この機能を、利用可能なユーザのドメインなどを指定せず無制限に有効にすると、そのメールサーバが存在するドメイン以外に属する悪意ある者により、メール送信のための踏み台として利用（不正リレー）される可能性があります。

　不正リレーが可能になっていて何が問題かというと、最も大きいのはスパムメール（送信者から大量の相手に向けて、その相手の都合を考えずに一方的に送信される種類のメール。いわゆる「迷惑メール」のこと）によりサーバのリソースが食いつぶされ、本来のユーザにサービスが提供できなくなることです。

　さらに、悪質なユーザになると、踏み台にしたサーバのドメインのユーザであると偽装してスパムメールの送信を行います。この結果、意図的にスパム行為をしていないにもかかわらず、悪質なスパムメールの送信元として認識され、オープンなデータベースに公開されてしまい、一部の宛先からは管理者によりメールの受信が拒否されるようになってしまう場合があります。

　このような状況に陥るのを防止するため、メールサーバの管理者には、不正リレーを拒否するようサーバに厳格な設定を施すことが求められます。POP before SMTPやSMTP Authという送信ユーザの認証も、対策の1つとして有効です。

メールサーバ④不正リレーとその対策

メールリレーの使用例：サブドメインから親ドメインのメールサーバを中継して送信

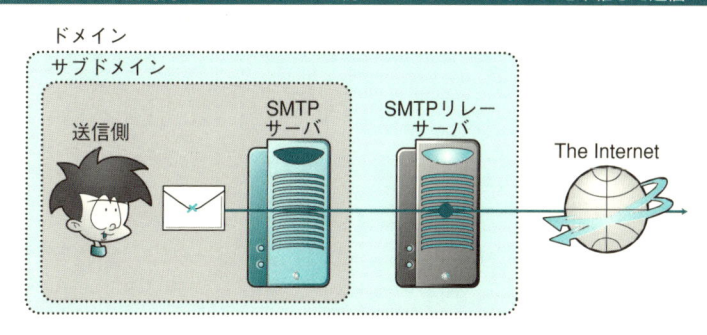

ドメイン
サブドメイン
送信側 → SMTPサーバ → SMTPリレーサーバ → The Internet

不正リレーの例：ドメインBのユーザが、ドメインAのリレー機能を使って大量のスパムメールを送信

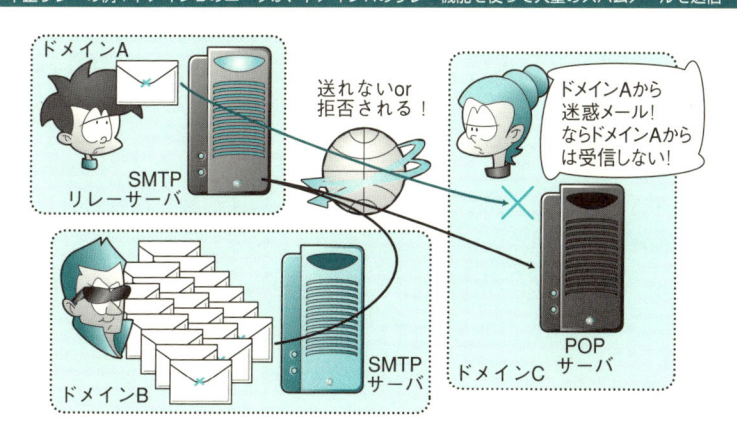

ドメインA
SMTPリレーサーバ
送れないor拒否される！
ドメインAから迷惑メール！ならドメインAからは受信しない！
ドメインB
SMTPサーバ
ドメインC
POPサーバ

POP before SMTPによる送信制限

受信の操作 → 成功 → 送信
SMTP&POPサーバ

受信時のパスワードが正しければ、そのユーザはサーバの正規のユーザとして、メール送信にサーバを使用することができる！

メールサーバ⑤ウイルスとその対策

　自分のパソコンがコンピュータウイルスに侵され、知り合いにウイルスつきのメールを送ってしまった、あるいはパソコンのデータが破壊されたというような経験はあるでしょうか？

　ネットワークの管理者にとって、そのネットワークの安全性を確保することは最も重要な仕事です。アクセスしてくるクライアントパソコンをウイルス感染から守ることもその仕事の1つです。

　個々のクライアントパソコンあるいはそのユーザレベルでいえば、ウイルス感染からコンピュータを守るために、個々のパソコンにおいてウイルス対策ソフトの導入などの対策を講じることは最も有効な方法です。自分のコンピュータを守ることは、他人のコンピュータを守るということでもあり、非常に大切なことです。また、ネットワーク全体としてみても、関係するすべてのパソコンでウイルス対策が講じられていることが理想的といえます。

　しかし、ネットワーク管理者としての立場からすれば、サーバにアクセスするすべてのパソコンにウイルス対策ソフトが導入され、かつ常に適切な運用がなされることを期待するのはほぼ不可能です。

　さらに、ウイルス感染の経路としてもっとも大きな割合を占めるのは電子メールですが、その管理するネットワーク内のパソコンを起点として他のネットワークにも影響を与えかねないということがウイルス感染の恐ろしさであり、ネットワーク管理者にとってはその責任に関わる課題です。

　そこで有効なのが、メールサーバにおいてウイルス対策を講じる方法です。サーバを経由するメールに対してウイルススキャンをかけることで、ネットワーク内外へのウイルス感染拡大の防止に役立てることがで

メールサーバ⑤ウイルスとその対策

きます。最近では、ISPのメールサーバにもこういったソフトウェアが搭載されるようになってきています。

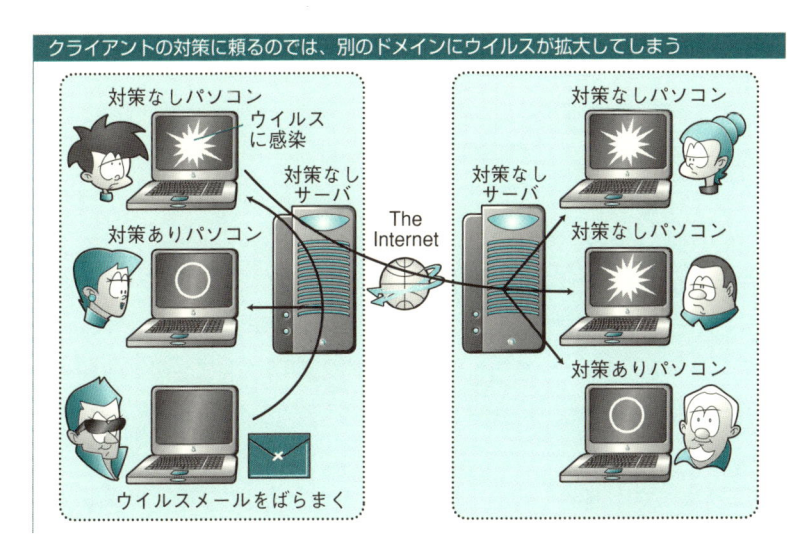

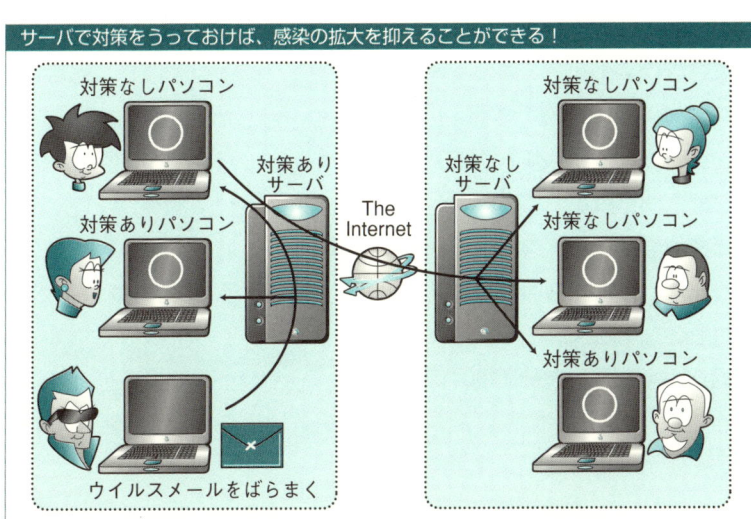

クライアントの対策に頼るのでは、別のドメインにウイルスが拡大してしまう

サーバで対策をうっておけば、感染の拡大を抑えることができる！

FTPサーバ①概要

　自分のホームページ（Webサイト）をつくって公開したことがあるでしょうか？　インターネットに接続するためにISPに加入すると、大抵の場合はホームページを設置するためのディスクスペースがもらえるようになっていますので、それを利用したことがある方も少なからずいらっしゃると思います。

　Webサイトを構築するためには、WebページとなるHTML文書を作成し、それをISPに設置されるWebサーバにアップロードする必要があります。このアップロードに一般的に使用されている仕組みが、FTP（File Transfer Protocol）です（アップロード専用ではありません）。

　FTPは、文字どおりTCP/IPネットワーク経由でファイルを転送するためのプロトコルです。ファイルを転送するためというシンプルな目的のためか、プロトコルの仕組みもシンプルなものであり、転送効率がかなり高いものになっています。

　FTPサーバとの間でファイルのやりとりを行うためには、クライアントとなるコンピュータ上でFTPクライアントアプリケーションを使用する必要があります。UNIXでは古くからコマンドとして実装されており、標準的なCUI（Character User Interface）上で使用できるものもあります。また、Webブラウザの中にはFTPクライアントの機能をもったものもあります。

　転送効率が高いため、例えばフリーソフトやシェアウェアを配布しているWebサイトなどでは、サイト上に掲載したファイルの転送のためにFTPが使用されることもあります。

　TCP/IP上の標準的なプロトコルとして、異なるプラットフォーム間

FTPサーバ①概要

でもファイルのやりとりができて非常に便利です。ただ、ファイル転送に特化しているため、ファイルサーバによるデータ共有とは異なり、ファイルを開いたりアプリケーションを実行したりすることはできません。

FTPによるファイルのアップロードとHTTPによるダウンロード

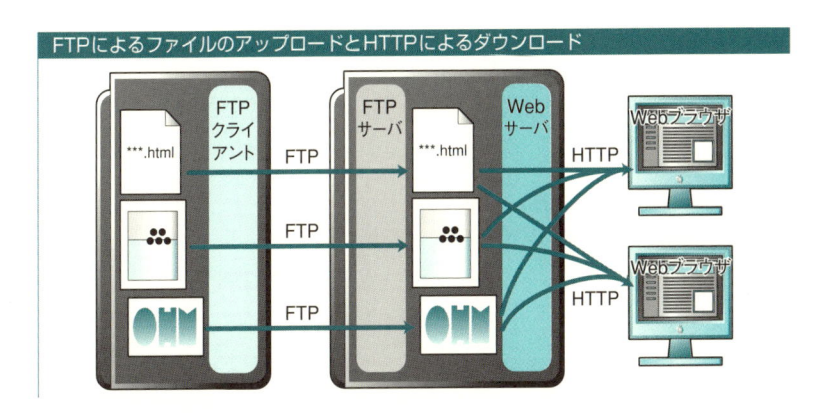

FTPのコネクションとHTTPのコネクションの違い

FTPの場合、1度コネクションを確立すると、切断するまで何度でも、コマンド実行により転送が可能。

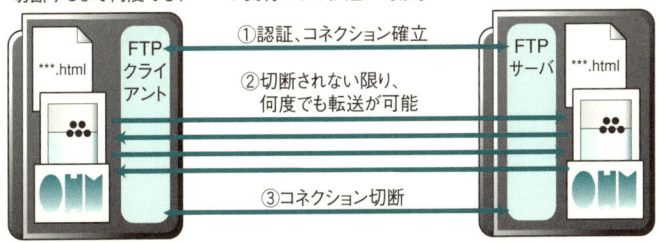

① 認証、コネクション確立
② 切断されない限り、何度でも転送が可能
③ コネクション切断

HTTPの場合、実はファイル1つごとに接続→切断をくり返している。

① 認証、コネクション確立
② ファイルを1つだけ転送
③ コネクション切断
④ 認証、コネクション確立
⑤ ファイルを1つだけ転送
⑥ コネクション切断

FTPサーバ②セキュリティとanonymousサーバ

FTPにもユーザの識別やアクセス権といった概念が存在します。ユーザごとにアクセス権が分割されたFTPサーバへ接続する場合、IDとパスワードによりユーザが識別され、アクセスを認められたディレクトリ内でのみ、ファイルの操作が可能になります。Webサイトの更新などの場合はこの形式です。

しかし、UNIX系OSに慣れ親しんだ人には比較的一般的かもしれませんが、アプリケーションソフトウェアやOSのモジュールなどをTCP/IPネットワーク上で配布する場合には、サーバがanonymous FTPサーバとして公開され、誰でもアクセスできるようにすることがあります。

anonymousとは匿名という意味であり、anonymous（あるいはftp）というIDを使用することで、不特定多数のユーザが同じサーバの同じディレクトリ内のファイルを操作することができるようになっているのがanonymous FTPサーバです（パスワードには慣例的に電子メールアドレスを使用することになっています）。

anonymous FTPサーバは、不特定多数のユーザがファイルをダウンロードするためだけにアクセスされるようにすべきものであり、一般ユーザに対して新しいファイルの設置を許可すべきではありません。得体の知れないユーザによって、ウイルスに感染したファイルや悪意ある破壊的なプログラムが公開されると、他のユーザが被害を被るからです。

したがって、anonymous FTPサーバとして公開するサーバは、書込みを許可するホストの設定に始まり、ユーザへの書込み権限の不許可など、慎重なセキュリティ設定が欠かせません（もちろん、FTPサーバに

FTPサーバ②セキュリティとanonymousサーバ

限らず、インターネット上に公開されるサーバすべてにおいていえることではありますが、その中でも特に慎重に、ということです）。

ユーザ単位のアクセス制御があるFTPサーバへのアクセス
IDごとにアクセスできるファイルが限定される

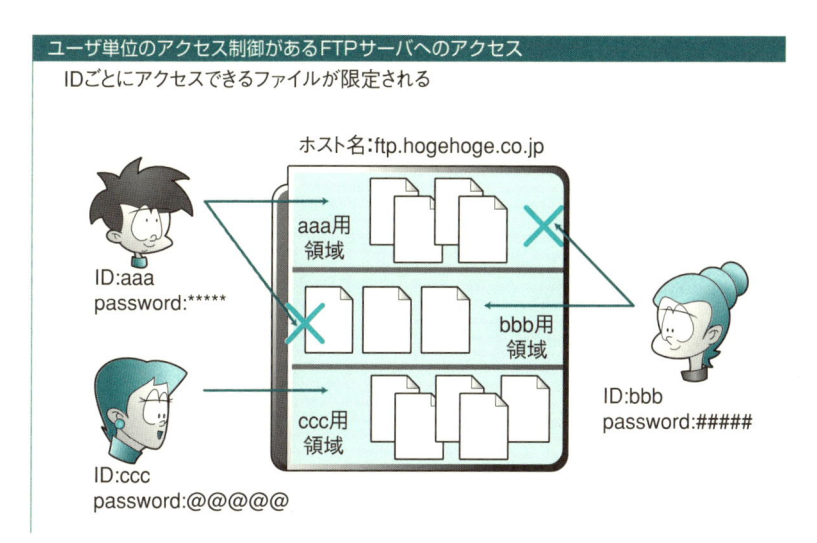

ホスト名：ftp.hogehoge.co.jp

ID:aaa
password:*****

aaa用領域

bbb用領域

ID:bbb
password:#####

ID:ccc
password:@@@@@

ccc用領域

anonymous FTPサーバへのアクセス
同じIDで、不特定多数のユーザが同じファイルにアクセスできる

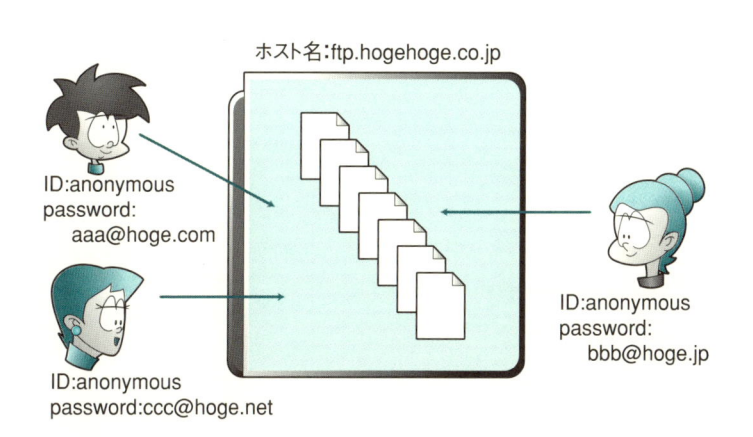

ホスト名：ftp.hogehoge.co.jp

ID:anonymous
password:
　aaa@hoge.com

ID:anonymous
password:
　bbb@hoge.jp

ID:anonymous
password:ccc@hoge.net

DNSサーバ①DNSの全容と名前解決の仕組み

ネットワークの仕組みのところで書いたとおり、TCP/IP通信においては、IPアドレスを基準としてデータ通信が行われます。しかし、例えば私たちが普段Webページを見ようとするとき、無数にあるWebサイトのIPアドレスをいちいち覚えているのは事実上不可能でしょう。実際、見たいWebサイトをwww.****.comというように文字列（コンピュータの名前）で指定していると思います。

入力された文字列をもとにコンピュータがサーバにリクエストを送るためには、文字列をIPアドレスに変換する必要が出てきます。この変換＝名前解決を行う仕組みがドメインネームシステム＝DNSであり、この変換機能を提供するのがDNSサーバです。DNSにより、私たちは覚えやすい名前でさまざまな情報にアクセスすることが可能になっています。

DNSにおけるドメイン名は、.comや.jpといったトップレベルドメイン（TLD：Top Level Domain）を頂点とした階層構造をとっており、これに対応して世界中に散在するDNSサーバが連携して名前解決を行っています。それぞれのサーバは名前解決を担当する範囲があり、上位にあるサーバほど大きな範囲を担当しています。

DNSの最上位に位置するサーバはルートネームサーバ（あるいはルートサーバ）と呼ばれ、世界中に13台が設置されています。これらのサーバはトップレベルドメインに関する名前解決を行い、それ以下のレベルの範囲についてはそれぞれ担当のDNSサーバに名前解決が任されます（権限の委譲）。

最終的に目的のコンピュータのIPアドレスが判明すると、そのIPアドレスがコンピュータのネットワーク層においてIPデータグラムの宛先

部分にセットされ、データ通信が開始されます。解決されたIPアドレスは一定時間（場合により長さが異なります）の間、引き続きそのコンピュータの中で利用されます。

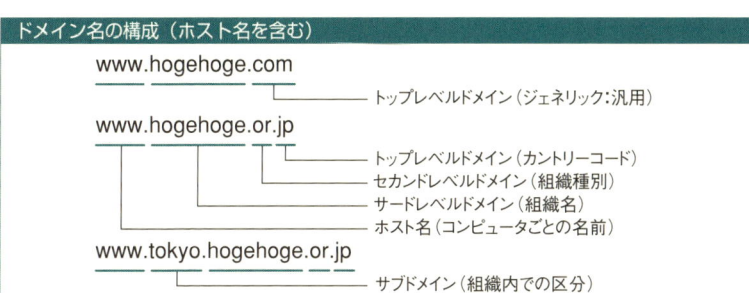

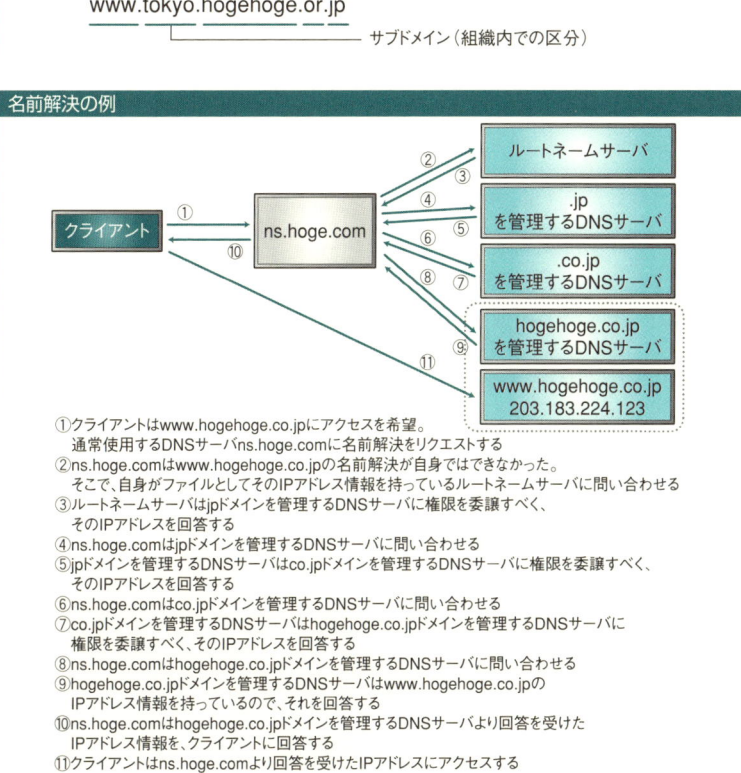

ドメイン名の構成（ホスト名を含む）

www.hogehoge.com
- トップレベルドメイン（ジェネリック：汎用）

www.hogehoge.or.jp
- トップレベルドメイン（カントリーコード）
- セカンドレベルドメイン（組織種別）
- サードレベルドメイン（組織名）
- ホスト名（コンピュータごとの名前）

www.tokyo.hogehoge.or.jp
- サブドメイン（組織内での区分）

名前解決の例

① クライアントはwww.hogehoge.co.jpにアクセスを希望。通常使用するDNSサーバns.hoge.comに名前解決をリクエストする
② ns.hoge.comはwww.hogehoge.co.jpの名前解決が自身ではできなかった。そこで、自身がファイルとしてそのIPアドレス情報を持っているルートネームサーバに問い合わせる
③ ルートネームサーバはjpドメインを管理するDNSサーバに権限を委譲すべく、そのIPアドレスを回答する
④ ns.hoge.comはjpドメインを管理するDNSサーバに問い合わせる
⑤ jpドメインを管理するDNSサーバはco.jpドメインを管理するDNSサーバに権限を委譲すべく、そのIPアドレスを回答する
⑥ ns.hoge.comはco.jpドメインを管理するDNSサーバに問い合わせる
⑦ co.jpドメインを管理するDNSサーバはhogehoge.co.jpドメインを管理するDNSサーバに権限を委譲すべく、そのIPアドレスを回答する
⑧ ns.hoge.comはhogehoge.co.jpドメインを管理するDNSサーバに問い合わせる
⑨ hogehoge.co.jpドメインを管理するDNSサーバはwww.hogehoge.co.jpのIPアドレス情報を持っているので、それを回答する
⑩ ns.hoge.comはhogehoge.co.jpドメインを管理するDNSサーバより回答を受けたIPアドレス情報を、クライアントに回答する
⑪ クライアントはns.hoge.comより回答を受けたIPアドレスにアクセスする

DNSサーバ②冗長化の仕組み

　DNSサーバはその性格上、上位のものほどダウンが許されません。ダウンすれば、その管理する範囲のドメインの全資源が利用不可能になるからです。このため、あるドメインの情報を管理するDNSサーバは複数存在することが可能になっており、また最低2台が存在し冗長構成をとることが求められています。

　DNSサーバは、その設定の仕方によりマスターサーバとスレーブサーバに分類されます。マスターサーバは、各サーバのアドレスと名前との対応情報であるゾーン情報が記されたファイルを自身の中に保持し、その内容をもとに名前解決を行います。一方のスレーブサーバは、一定時間ごとにマスターサーバが保持するゾーン情報を受け取り、受け取ったデータをもとに名前解決を行います。マスターサーバからスレーブサーバへのゾーン情報の転送をゾーン転送と呼びます。

　こうして、あるドメインに関する情報が常に複数のサーバに存在することで、最初に問合せ先になったサーバが何らかの理由で応答できなくても、別のサーバが名前解決を行い、ユーザは無事目的のサーバにアクセスすることができます（もちろん、目的のサーバがアクセス可能な状態になければならず、なおかつ、最新のゾーン情報が正しく反映されていることが前提ですが）。

　ところで、マスター/スレーブという呼び方とは別に、プライマリネームサーバ/セカンダリネームサーバという呼び方をご存知の方もいらっしゃると思います。これは、NICへのドメイン情報登録の際の区別で、一般的にはマスターをプライマリ、スレーブをセカンダリとして登録することが多いようです。しかし、何も必ずマスターサーバを登録しなければならないというわけではなく、どちらもスレーブサーバである

DNSサーバ②冗長化の仕組み

場合もありえます。

なお、マスターサーバを複数用意することももちろん可能です。しかし、情報を更新する際の手間が増える一方で、メリットは少ないでしょう。

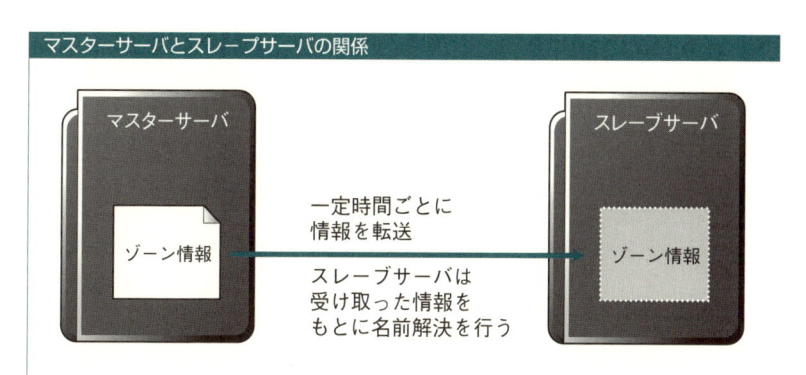

マスターサーバとスレーブサーバの関係

マスターサーバ — ゾーン情報 → 一定時間ごとに情報を転送 → スレーブサーバ — ゾーン情報

スレーブサーバは受け取った情報をもとに名前解決を行う

ゾーン情報の例

```
hogehoge.jp    MX preference=10,mail exchanger=mx2.hogehoge    このドメインの最優先のメールサーバ
hogehoge.jp    MX preference=20,mail exchanger=mx1.hogehoge.jp    このドメインの2番目のメールサーバ
hogehoge.jp    nameserver=ns1.hogehoge.jp                      このドメインを管理するDNSサーバの名前
hogehoge.jp    nameserver=ns2.hogehoge.jp                      このドメインを管理するDNSサーバの名前
hogehoge.jp
  primary name server=ns1.hogehoge.jp                           このドメインを管理するDNSサーバの名前
  responsible mail addr=postmaster.hogehoge.jp                  このドメインの管理責任者のメールアドレス
  serial=2003061801             ゾーン情報のシリアル番号
  refresh=3600(1 hour)          スレーブサーバの情報更新間隔
  retry=900(15mins)             ゾーン情報更新に失敗したときの再試行までの間隔
  expire=604800(7days)          ゾーン情報更新に失敗し続けても情報を保持する期間
  default TTL=86400(1day)       名前解決を行ったホストが、得た情報を使い続ける期間
hogehoge.jp    nameserver=ns1.hogehoge.jp                      このドメインを管理するDNSサーバの名前
hogehoge.jp    nameserver=ns2.hogehoge.jp                      このドメインを管理するDNSサーバの名前
mx2.hogehoge.jp    internet address=200.12.30.151              mx2.hogehoge.co.jpのIPアドレス
mx1.hogehoge.jp    internet address=200.12.30.130              mx1.hogehoge.co.jpのIPアドレス
ns1.hogehoge.jp    internet address=200.12.30.31               ns1.hogehoge.co.jpのIPアドレス
ns2.hogehoge.jp    internet address=200.12.30.131              ns2.hogehoge.co.jpのIPアドレス
```

DNSサーバ③ドメイン情報の管理・登録体制

　ドメイン情報は階層化され、世界中のサーバが分散して名前解決を行っていますが、IPアドレス同様、同じドメインが複数存在することはできません。そのため、誰がどのドメインを使用するかを管理する組織が存在します。それはIPアドレスを管理する組織と同じNICであり、InterNIC（北米およびその周辺地域）、RIPE-NIC（ヨーロッパおよびその周辺地域）、APNIC（アジア・太平洋地域）の3団体をはじめとした各国・各地域のNIC（日本では、汎用JPドメイン以外についてはJPNIC）が協力してドメイン情報の管理を行っています。

　実際にドメイン情報データベースの管理を行うのはNICには限らず、NICの下で別の組織（企業である場合もあります）がこれを行う場合があります。これを含めてドメイン情報データベースの管理を行う組織をレジストリと呼びます。レジストリは1つのTLDごとに1つ存在します。例えば、汎用JPドメインのレジストリはJPRS、汎用以外のJPドメイン（co.jp、ne.jpなど）はJPNIC、gTLDのうち.comと.netはVeriSign GRS、.bizはNeuLevelなどとなっています。

　また、レジストリへのドメイン情報登録業務を行う組織をレジストラと呼び、これはレジストリに対して複数存在します。レジストリは各レジストラに対して平等に登録業務を行わせることになっています。

　そして、あるドメイン名を使用したい組織あるいは個人は、NICからIPアドレスを取得するとともに使用したいドメイン名をレジストラを通じてレジストリに申請します。通常、すでに他に申請がされていないのであれば、使用を許可されることになります。この際、通常はレジストリへ支払う登録費用、レジストラへ支払う登録手数料が必要になります。

DNSサーバ③ドメイン情報の管理・登録体制

　なお、レジストリがレジストラを兼務する場合もあり、JPRSは汎用JPドメインの登録を直接受け付けます。

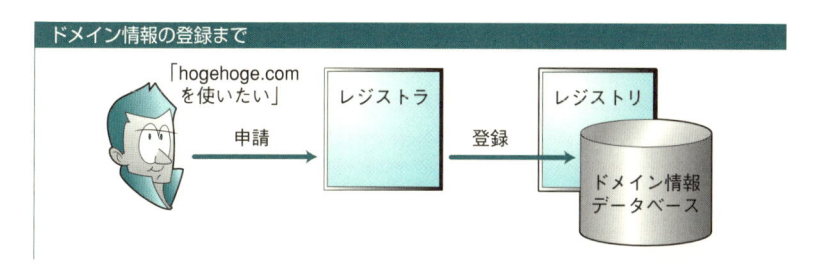

ドメイン情報の登録まで

「hogehoge.com を使いたい」 →申請→ レジストラ →登録→ レジストリ → ドメイン情報データベース

国際的な組織関係

- **InterNIC** アメリカを中心とした地域の資源の管理
- **RIPE-NIC** ヨーロッパを中心とした地域の資源の管理
- **APNIC** アジア・太平洋地域の資源の管理
  - **JPNIC** 日本
  - **KRNIC** 韓国
  - **AUNIC** オーストラリア

各種ドメインのレジストリ

ドメイン種別		ドメイン	レジストリ
ccTLD	jp	汎用JPドメイン（***.jp）	JPRS
		属性型JPドメイン（co.jp,ne.jp,ad.jp,ac.jp,or.jpなど）	JPNIC
		地域型JPドメイン（tokyo.jp,hokkaido.jpなど）	JPNIC
gTLD		com,net	VeriSign Global Registry Services
		org	Public Interest Registry
		edu	Educause
		gov	US General Services Administration
		mil	US DoD Network Information Center
		int	IANA .int Domain Registry
		info	Afilias Limited
		biz	NeuLevel, Inc
		name	Global Name Registry
		pro	Registry Pro
		museum	Museum Domain Management Association
		aero	SITA
		coop	Dot Cooperation LLC.

DNSサーバ④キャッシュ機能

　ルートネームサーバは、トップレベルドメインに関する問合せのみを受けます。しかし、クライアントからの問合せに指定されたDNSサーバが答えられない場合はすべて、まずルートネームサーバが問合せを受ける仕組みになっています。このため、インターネット上の13台で負荷を分散しているとはいえ、すべての問合せに逐一(ちくいち)応えきれるとは限りません。

　このため、DNSサーバソフトウェアはキャッシュ機能をもつことが一般的です。キャッシュ機能とは、一度解決した名前とIPアドレスの関係を一時的に記憶（キャッシュ）しておき、次に同じ名前への問合せが行われた場合、記憶しておいた情報をクライアントへ返す機能です。これにより、同じコンピュータへのアクセスのたびにルートネームサーバに問い合わせる必要がなくなります。

　ただ、コンピュータの名前とIPアドレスの関係は常に変化する可能性があるので、キャッシュした情報をいつまでも保持していても問題があります。そこでDNSにおいては、あるコンピュータの名前に関する情報として、IPアドレス以外にもいくつかの項目が用意されており、そのなかにキャッシュした場合のデータの有効期間を定める項目としてTTL（Time To Live）が用意されています。

　例えば、TTLを長くしておけば、もしDNSサーバに障害が発生して長時間停止せざるを得なくなっても、普段アクセスがある範囲においてはキャッシュされた情報が残っていますので、他のサーバにはアクセスできることになります。しかし、ネットワークの構成や上位ISPの変更などでIPアドレスが変更される場合などには、いつまでもキャッシュし続けられているとアクセスを受けられなくなってしまいます。そこで、

DNSサーバ④キャッシュ機能

変更が発生する場合は前もってTTLを短くしておくことで、変更した情報が短時間で他のサーバにも反映されるようにしておくのが一般的です。

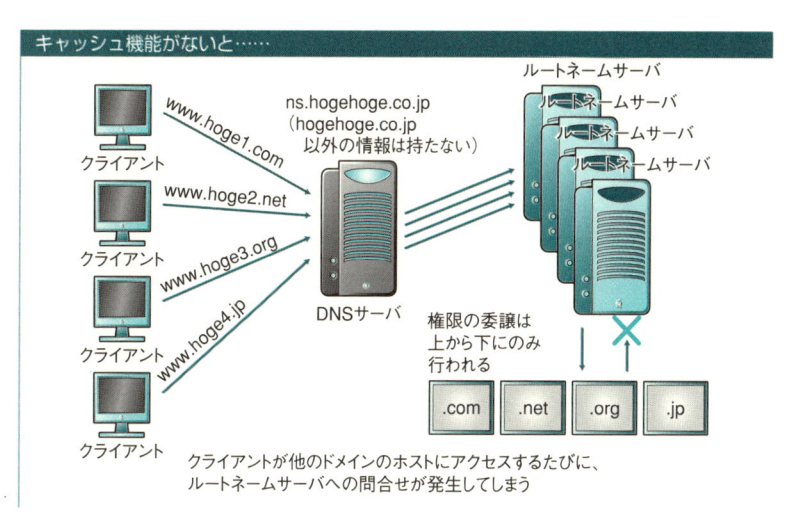

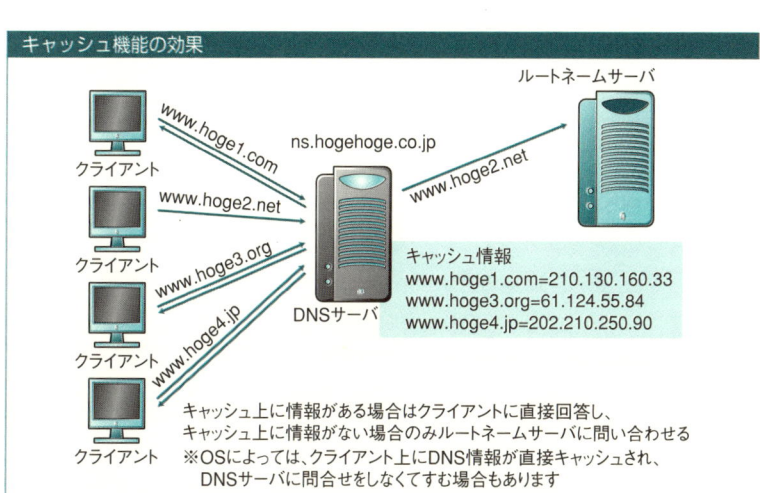

キャッシュ機能がないと……

クライアントが他のドメインのホストにアクセスするたびに、ルートネームサーバへの問合せが発生してしまう

権限の委譲は上から下にのみ行われる

.com　.net　.org　.jp

キャッシュ機能の効果

キャッシュ情報
www.hoge1.com=210.130.160.33
www.hoge3.org=61.124.55.84
www.hoge4.jp=202.210.250.90

キャッシュ上に情報がある場合はクライアントに直接回答し、キャッシュ上に情報がない場合のみルートネームサーバに問い合わせる
※OSによっては、クライアント上にDNS情報が直接キャッシュされ、DNSサーバに問合せをしなくてすむ場合もあります

データベースサーバ①概要

Webサイト(ECサイト)でショッピングをしたことがあるでしょうか? あるいは、会社の業務で使用するシステムで、製品の在庫状況や顧客に関する情報を検索したりするシステムに触ったことがあれば、データベースサーバがどのようなものか、イメージしやすいと思います。

ECサイトにおけるショッピングでは、商品の種類や名前を頼りに、欲しい商品を検索し、在庫状況に応じて注文するかしないかを決める仕組みが用意されているのが一般的です。業務システムでは、商品に関する問合せを受けたところで、その商品の在庫があるかどうかを検索して納期を回答したり、顧客から購入した製品に関する問合せを受けたところで、その顧客との取引履歴を検索して的確に対応したり、というような仕組みが必要です。

こういった場合に検索の対象となるデータは、商品情報なら商品名、価格、メーカ名など、顧客なら会社名、住所、担当者氏名、電話番号、電子メールアドレスなどのようにそれぞれ同じ種類の属性をもった形で蓄積されています。このように、ある形式に従って蓄積されたデータの集合をデータベース(DB)と呼びます。例えば、電話帳やアドレス帳などもDBの一種です。

このDBから、必要なデータを必要なときに抽出する(あるいは抽出した項目を変更、削除したり、新たにデータを追加したりする)仕組みをもったソフトウェアをDataBase Management System(DBMS)と呼びます。そして、他のコンピュータ上で動くアプリケーションソフトウェアからのリクエストに応え、DBMSを通じてDB内の情報を提供するのがデータベースサーバ(DBサーバ)です。ECサイトや業務システムにおいては、Webサーバや業務アプリケーション

データベースサーバ①概要

の背後にDBサーバが存在し、システムの核となっているのです。

アプリケーションとデータベースの関係

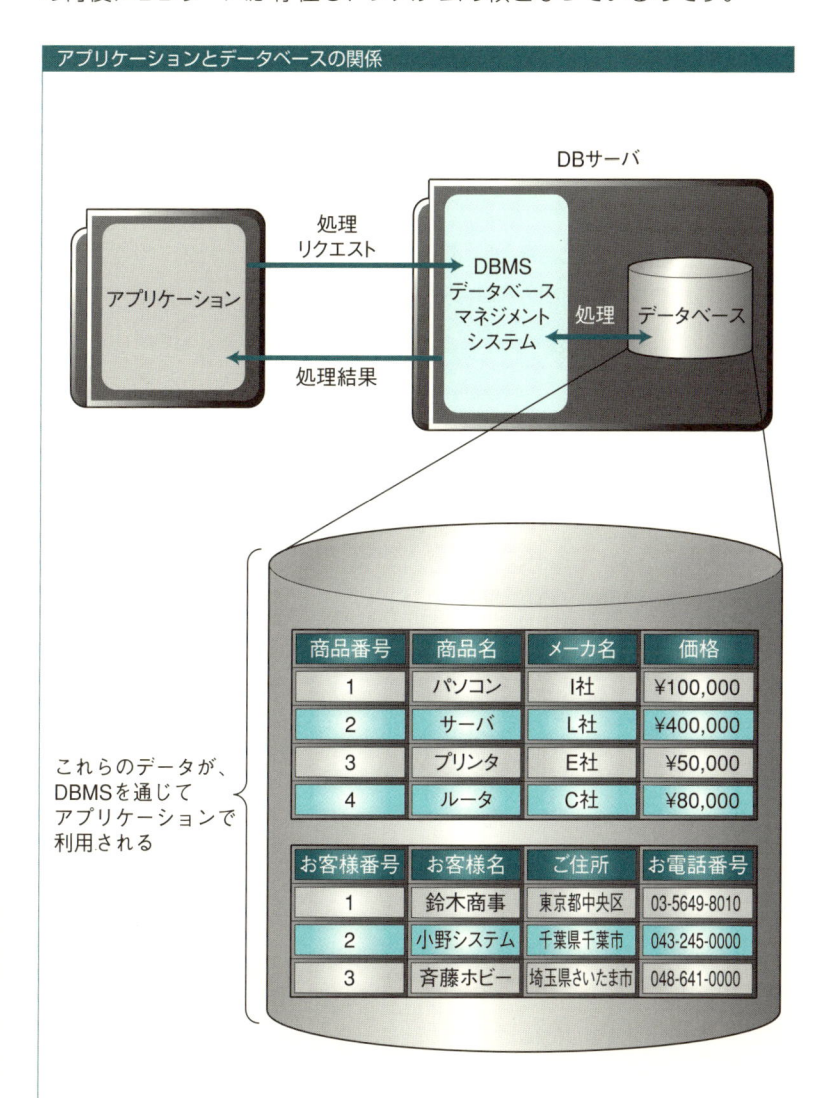

DBサーバ

アプリケーション ←処理リクエスト→ DBMS データベースマネジメントシステム ←処理→ データベース

処理結果

これらのデータが、DBMSを通じてアプリケーションで利用される

商品番号	商品名	メーカ名	価格
1	パソコン	I社	¥100,000
2	サーバ	L社	¥400,000
3	プリンタ	E社	¥50,000
4	ルータ	C社	¥80,000

お客様番号	お客様名	ご住所	お電話番号
1	鈴木商事	東京都中央区	03-5649-8010
2	小野システム	千葉県千葉市	043-245-0000
3	斉藤ホビー	埼玉県さいたま市	048-641-0000

データベースサーバ②データベースの代表、RDB

データベースは、そのデータの蓄積のパターンによってカード型、ネットワーク型、リレーショナル型、オブジェクト型などのように分類されますが、一般的にデータベースという場合はリレーショナル型データベース（RDB）のことを指します。そして、リレーショナル型データベースを取り扱うDBMSをRDBMSと呼びます。一般に普及しているRDBMSには、Oracle、DB2 UDB、SQL Server、PostgreSQLなどがあります。

RDBMSにおいては、データの集合の最小の単位をテーブル（表）と呼びます。テーブルは1つ以上のレコード（行）とカラム（列）から構成され、1レコードが1件のデータにあたります。カラムはデータに与えられる属性として区別され、各レコードごとに値が登録されます。同じカラムの値が複数のデータで同じになる（重複がある）場合もありますが、すべてのレコードを混同せず区別するために、重複が全くないカラムが1つのテーブル中に最低1つは含まれています（重複が全くないカラムが含まれないテーブルを作成することはできないようになっています）。すべてのカラムが全く同じ値というデータがあると、そのうちどのデータを処理対象とするのかが判別できず、システムとして成り立ちません。

そして、複数のテーブルが集まってデータベースを構成し、重複のないカラムをキーとしてテーブル間に関係（リレーション）を持たせ、同じデータを2度記録せずに効率よくデータを格納する仕組みを備えていることがRDBMSの特徴です。

RDBMSは、ユーザにとって生命線にもなる重要なシステムであり、またその取り扱うデータが極めて重要なものであることを想定していま

データベースサーバ②データベースの代表、RDB

すので、高度な技術をもって緻密(ちみつ)に設計・開発・試験することが求められます。その結果として、商品として販売されるRDBMSは一般にかなり高価なものとなります。

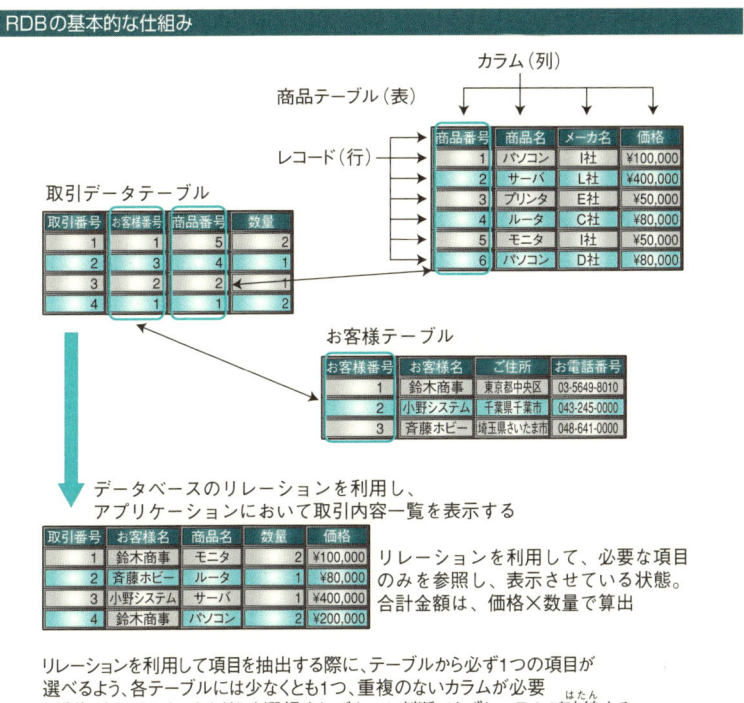

RDBの基本的な仕組み

商品テーブル（表） — カラム（列）

商品番号	商品名	メーカ名	価格
1	パソコン	I社	¥100,000
2	サーバ	L社	¥400,000
3	プリンタ	E社	¥50,000
4	ルータ	C社	¥80,000
5	モニタ	I社	¥50,000
6	パソコン	D社	¥80,000

レコード（行）

取引データテーブル

取引番号	お客様番号	商品番号	数量
1	1	5	2
2	3	4	1
3	2	2	1
4	1	1	2

お客様テーブル

お客様番号	お客様名	ご住所	お電話番号
1	鈴木商事	東京都中央区	03-5649-8010
2	小野システム	千葉県千葉市	043-245-0000
3	斉藤ホビー	埼玉県さいたま市	048-641-0000

データベースのリレーションを利用し、アプリケーションにおいて取引内容一覧を表示する

取引番号	お客様名	商品名	数量	価格
1	鈴木商事	モニタ	2	¥100,000
2	斉藤ホビー	ルータ	1	¥80,000
3	小野システム	サーバ	1	¥400,000
4	鈴木商事	パソコン	2	¥200,000

リレーションを利用して、必要な項目のみを参照し、表示させている状態。合計金額は、価格×数量で算出

リレーションを利用して項目を抽出する際に、テーブルから必ず1つの項目が選べるよう、各テーブルには少なくとも1つ、重複のないカラムが必要
＊重複があると、そのうちどれを選択すればよいか判断できずシステムが破綻(はたん)する

もしリレーショナルでなかったら……？

取引番号	お客様名	ご住所	お電話番号	商品名	メーカ名	価格	数量	合計金額
1	鈴木商事	東京都中央区	03-5649-8010	モニタ	I社	¥50,000	2	¥100,000
2	斉藤ホビー	千葉県千葉市	043-245-0000	ルータ	C社	¥80,000	1	¥80,000
3	小野システム	埼玉県さいたま市	048-641-0000	サーバ	L社	¥400,000	1	¥400,000
4	鈴木商事	東京都中央区	03-5649-8010	パソコン	I社	¥100,000	2	¥200,000

表示はともかくとして、同じデータが何度も繰り返し格納され、非常に無駄が多くなる

データベースサーバ③ RDBMSを操作するためのSQL

データベースを必要とするシステムをみなさんが使用する場合、DBを取り扱うためのRDBMSの操作はアプリケーションを通じて行うことになります。したがって、実際にRDBMSを通じたDB操作が具体的にどのようにして行われるかはわからない、という方が多いかと思います。

実は、RDBMSを操作するための専用の言語として、SQL（Structured Query Language）という言語が存在します。SQLはそのもとになるものがIBM社により開発され、その後ISOやANSI、JISなどで標準化され世界標準規格となっています。前節で挙げたような現在のRDBMSは基本的にこのSQLに準拠して開発され、SQLによってほぼ同じように操作することが可能です。

RDBMSを操作するための基本的なSQL文はselect、update、insert、deleteの4種類で、これらに条件や処理対象を組み合わせてさまざまな処理を行います。selectはDBから条件にあったレコードを検索する文、updateは条件にあったレコードのデータを更新する文、insertはDBに存在しない新しいレコードを追加する文、deleteは条件にあったレコードを消去する文です。

SQLによってさまざまなRDBMSを扱える仕組みの中で、もう1つ忘れてはいけないものが、ODBC（Open DataBase Connectivity）ドライバやJDBC（Java DataBase Connectivity）ドライバといったミドルウェアの存在です。ODBCやJDBCは、データベースにアクセスするためのソフトウェアの仕様で、それぞれのドライバを経由してRDBMSにリクエストを送る仕組みを定義しています。この仕様に基づきアプリケーションソフトウェアを開発することで、ODBCや

データベースサーバ③RDBMSを操作するためのSQL

JDBCに対応したRDBMSであれば、プラットフォームやネットワークの違いを意識することなくデータベースにアクセスすることが可能になっています。

なお、ODBCはMicrosoft社が提唱した仕様です。また、JDBCはJava言語で作成されたプログラムからデータベースにアクセスするための仕様を決めたものです。

SQLによるデータベースの操作

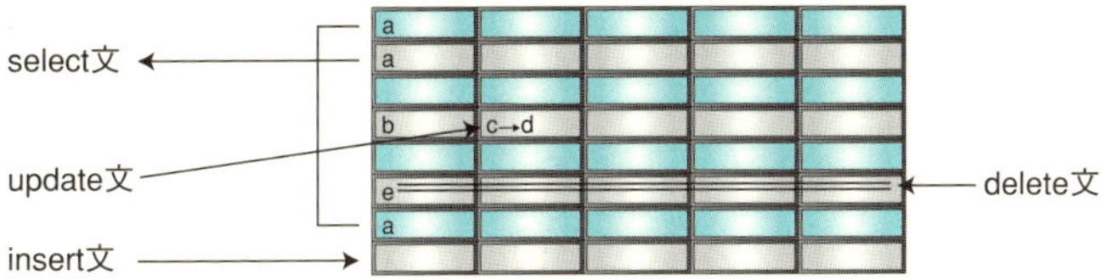

select文
update文
insert文
delete文

検索：select カラム名 from テーブル名 where 条件式
　指定したテーブルから、条件式に合うレコードの指定したカラムの値を抽出する
　カラムを指定しない（*を指定する）と、すべてのカラムの値を抽出する

更新：update テーブル名 set カラム名＝値 where 条件式
　指定したテーブルの、条件式に合うレコードの、
　指定したカラムの値を指定した値に変更する

追加：insert into テーブル名（カラム名、カラム名、…）value（値、値、…）
　指定したテーブルに、指定したカラムに指定した値を入れる形でレコードを追加する
　カラムと値はそれぞれ順序が同じものに対応する

削除：delete from テーブル名 where 条件式
　指定したテーブルから、条件式に合うレコードを削除する
　条件式を指定しないと、すべてのレコードを削除する

＊条件式は、カラムとその値の組み合わせが基本
　「カラム＝値」とした場合、指定したカラムに指定した値が
　入っているかどうかが条件となる

SQLによりデータベースを操作するためのミドルウエア

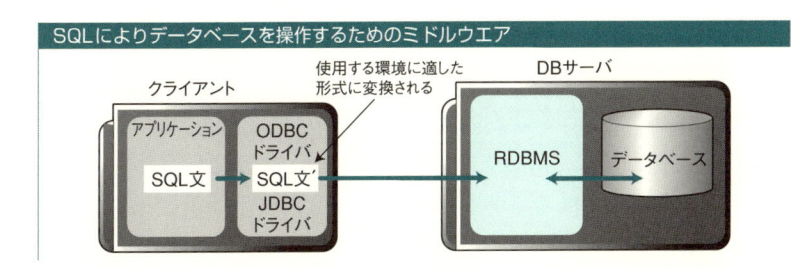

クライアント　使用する環境に適した形式に変換される　DBサーバ

アプリケーション
SQL文
ODBCドライバ
SQL文′
JDBCドライバ

RDBMS　データベース

データベースサーバ④信頼性の確保とデータ保護

　現代のネットワークを活用して、ユーザに何らかのサービスを提供しようというシステムのほとんどは、データベースと無関係ではありません。ある程度以上の規模の組織であれば、業務に関するもののうち、かなり広範な情報がデータベースに格納され、業務アプリケーションの基盤としての極めて重要な位置にデータベースサーバが存在します。また、顧客に対してサービスを提供するようなシステムの場合、顧客に関するさまざまな情報がデータベースに格納され、そのデータベースは企業にとってはかけがえのないほど重要な資産となります。

　このように企業経営の根底を支える存在であるデータベースサーバに最も強く求められるのが、信頼性とデータ保護です。簡単には停止しないこと、データに矛盾が生じないこと、データが勝手に消えないこと、万が一障害が発生してもデータを復旧できること。これらを可能な限り守るために、データベースサーバとそれを取り巻くコンポーネント、さらにはアプリケーションの選択/開発からその運用にまで、十分に注意を払う必要があります。

　システム的な面でいえば、大容量のデータをサーバの故障から切り離して保護するための外部ディスク装置の使用に始まり、サーバの可用性を高めるためのクラスタリング技術、クラスタリングの効果を最大限に発揮するためのネットワーク装置の2重化、外部化したディスク装置をも2重化してのデータの冗長性の確保、さらにはテープなどのデバイスを使用してデータをシステムの外で保護するバックアップの仕組みといった障害対策が必要になります。また、システムのメンテナンスにあたって、もしデータの削除や更新が必要になった場合にも、誤って触れてはいけないデータを更新あるいは削除してしまうことのないような細心

データベースサーバ④信頼性の確保とデータ保護

の注意を払った運用も含めて、可能な限りの手段でデータを死守する必要があります。

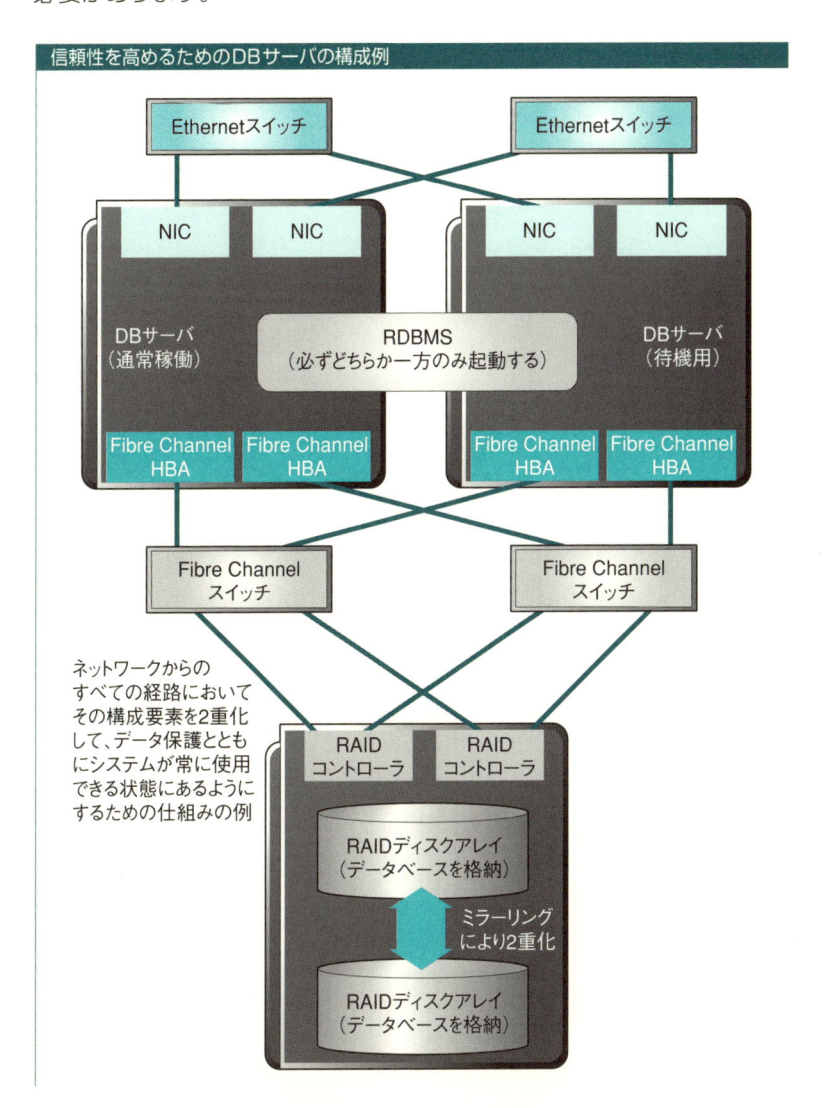

信頼性を高めるためのDBサーバの構成例

- Ethernetスイッチ
- DBサーバ（通常稼働）
  - NIC / NIC
  - RDBMS（必ずどちらか一方のみ起動する）
  - Fibre Channel HBA / Fibre Channel HBA
- DBサーバ（待機用）
  - NIC / NIC
  - Fibre Channel HBA / Fibre Channel HBA
- Fibre Channelスイッチ
- RAIDコントローラ
- RAIDディスクアレイ（データベースを格納）
- ミラーリングにより2重化
- RAIDディスクアレイ（データベースを格納）

ネットワークからのすべての経路においてその構成要素を2重化して、データ保護とともにシステムが常に使用できる状態にあるようにするための仕組みの例

アプリケーションサーバ①概要

　Webサーバの節で見たとおり、簡単なWebサーバアプリケーションの構築にはCGIなどの技術が用いられますが、これらの技術はアクセスがあるたびにサーバ上で新たにプロセスが起動され、大変な負荷になります。また、Webサーバは1つ1つのアクセスの状況を保存したりはしないので、基本的に複雑なトランザクション処理には向きません。これでは、いくらWebアプリケーションが便利だといっても、トランザクション処理の必要なシステム、例えば大規模なECサイトや業務系のシステムには使えません。

　そこで、そのようなシステムの構築にあたっては、トランザクション処理が可能なソフトウェアにより、プログラム的な処理のみに専念するサーバが用意されることが一般的になってきています。このサーバをアプリケーションサーバと呼びます。商用ソフトウェアではBEA Systems社のBEA WebLogic Server、IBM社のWebSphere Application Server、Oracle社のOracle9i Application Server、Sun Microsystems社のSun ONE Application Serverなどの製品が有名であり、フリーソフトウェアではTomcatが有名です。

　商用ソフトウェアは、いずれもJavaを使用したアプリケーションの構築に注力されて開発されています。これは、Javaで作成したプログラムが、再利用が容易なものであるためです。Javaプログラムは、Java VM（Virtual Machine：仮想マシン）により各プラットフォーム上で動作する形式に変換されて実行されます。これにより、一度書いたプログラムが他のプラットフォームでも同じように動作するので、開発時にプラットフォームを意識する必要もなく、非常に便利なのです。

アプリケーションサーバ①概要

　これらのソフトウェアは、いずれもJavaプログラムの実行環境のほか、アプリケーションの開発を容易にする開発環境を持っています。また、通常のJavaでは使用できない機能を独自の強化により使用できるようにしたりして、それぞれの特色を出しています。

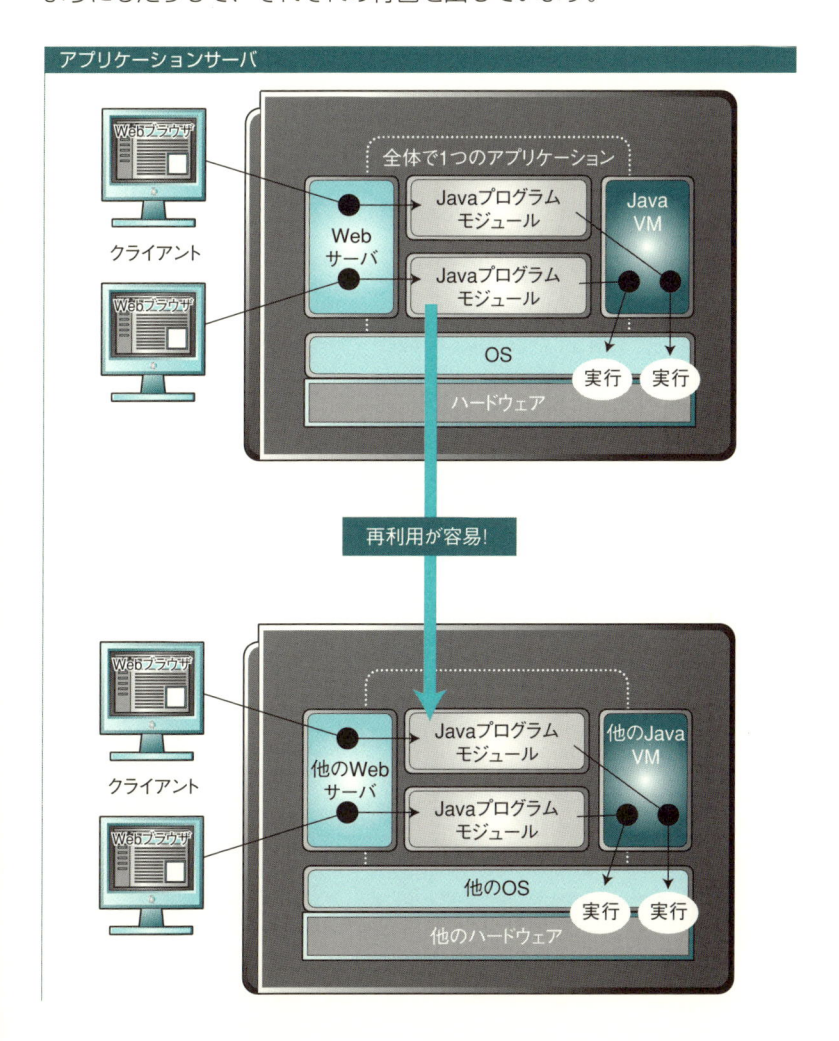

アプリケーションサーバ

全体で1つのアプリケーション

クライアント
Webブラウザ
Webサーバ
Javaプログラムモジュール
Javaプログラムモジュール
Java VM
OS
ハードウェア
実行　実行

再利用が容易!

クライアント
Webブラウザ
他のWebサーバ
Javaプログラムモジュール
Javaプログラムモジュール
他のJava VM
他のOS
他のハードウェア
実行　実行

アプリケーションサーバ②アプリケーションサーバの効果

　クライアントにプログラムを置くシステムと、アプリケーションサーバを活用するシステムとを比較しながら、アプリケーションサーバの活用例を見てみましょう。

　Webブラウザがクライアント、Webサーバがクライアントとのインタフェース、アプリケーションサーバがプログラムの処理を行うシステムでは、複数のクライアントがWebサーバを通じてアプリケーションソフトウェアを共有する形になります。そして、アプリケーションソフトウェアが背後のデータベースサーバにアクセスし、データを処理します。アプリケーションサーバは、複数のクライアントからの接続・トランザクションの状態を並列的に保持して、アプリケーションソフトウェアの機能をそれぞれのクライアントに提供することができるものです。

　一方、クライアントにプログラムを置くシステムでは、クライアントが直接データベースサーバにアクセスしてデータを処理します。クライアントが共有するのはデータベースサーバ（の中のデータ）のみです。

　アプリケーションを共有できるということの利点は、プログラムのアップデートなどの場合に、アプリケーションサーバに対してのみアップデートを実行すればよいところです。これは、クライアントの台数が多ければ多いほど効果的です。そして、アプリケーションサーバにWebサーバ経由でアクセスするということは、広く一般に普及しているWebブラウザという種類のソフトウェアさえ動作すれば、クライアントのプラットフォームは問わないということでもあります。まさに、ネットワークを通じて広範囲のユーザにアクセスしてもらうためには最適な仕組みです。

　ただ、クライアントから直接データベースにアクセスする仕組みより

アプリケーションサーバ②アプリケーションサーバの効果

も多くのコンピュータが連携する複雑な仕組みですので、障害発生の可能性は相対的に高くなるのは確かです。これには、サーバをクラスタリング構成にするなどして解決することになります。

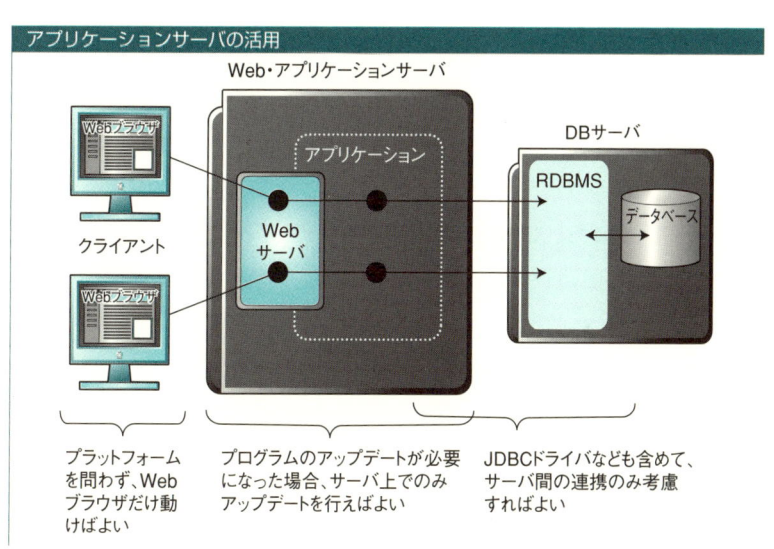

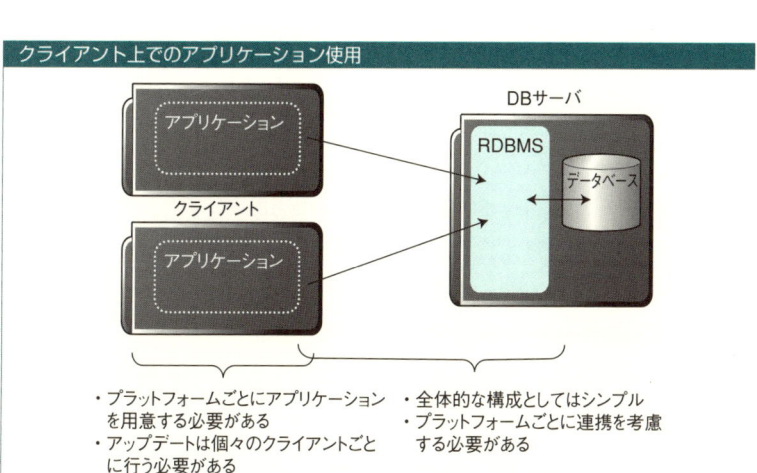

アプリケーションサーバの活用

- プラットフォームを問わず、Webブラウザだけ動けばよい
- プログラムのアップデートが必要になった場合、サーバ上でのみアップデートを行えばよい
- JDBCドライバなども含めて、サーバ間の連携のみ考慮すればよい

クライアント上でのアプリケーション使用

- プラットフォームごとにアプリケーションを用意する必要がある
- アップデートは個々のクライアントごとに行う必要がある
- 全体的な構成としてはシンプル
- プラットフォームごとに連携を考慮する必要がある

ファイルサーバ①書棚との違い

あらゆる情報が電子化される現代ですが、紙媒体の書類を棚に入れて共有するのと同じように、電子データを共有するために複数のユーザがアクセス可能なコンピュータを用意しているオフィスも多いかと思います。このようにファイルを共有する目的に使用されるのがファイルサーバです。

ファイルサービスは通常、クライアントのコンピュータ上でファイルの一覧を表示するプログラム（Windowsならエクスプローラ、Macintoshならファインダ）から使用することができます。ネットワークからファイルサーバを探し、場合によってはIDとパスワードを入力することで、ファイルサーバの中にあるファイルを、あたかも自分のコンピュータ内にあるように使用することができます。

人が情報にどのようにしてアクセスするかという点において、書棚とファイルサーバとで最も異なるのは、遠隔で情報にアクセスできるかどうかです。書棚にはその場にいないとアクセスできませんが、ファイルサーバは外部からインターネットなどを経由してアクセスすることが可能です。出張中、あるいは自宅でも会社の情報にアクセスできるのは、ファイルサーバの大きなメリットだといえるでしょう（それがあらゆる面においてよいかどうかは不明ですが……）。

しかし、このような大きなメリットを享受するためには、さまざまな課題があります。インターネット越しにアクセスできる、と書いただけで、カンのよい方はセキュリティに気を使わなければならない、ということに気づくかと思います。また、ネットワーク上で共有されているということは、何人もの人が同時に同じファイルにアクセスする可能性があるということでもあります。複数の人が同時に同じファイルに書き込

ファイルサーバ①書棚との違い

もうとすると、内容の整合性が取れなくなる可能性があります。つまり、データを共有できるがゆえの問題、というものが存在するのです。

書棚とファイルサーバの違い

●紙媒体の場合

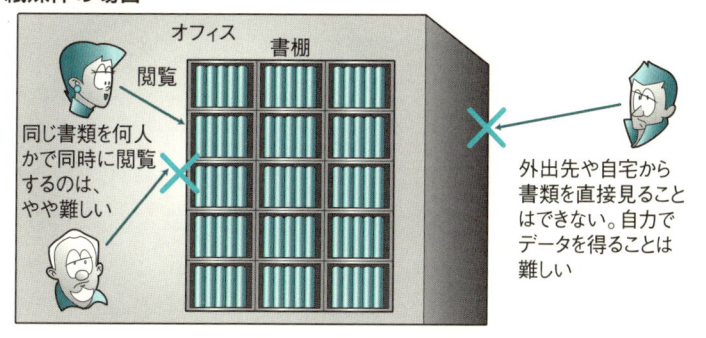

オフィス　書棚
閲覧

同じ書類を何人かで同時に閲覧するのは、やや難しい

外出先や自宅から書類を直接見ることはできない。自力でデータを得ることは難しい

●ファイルサーバの場合

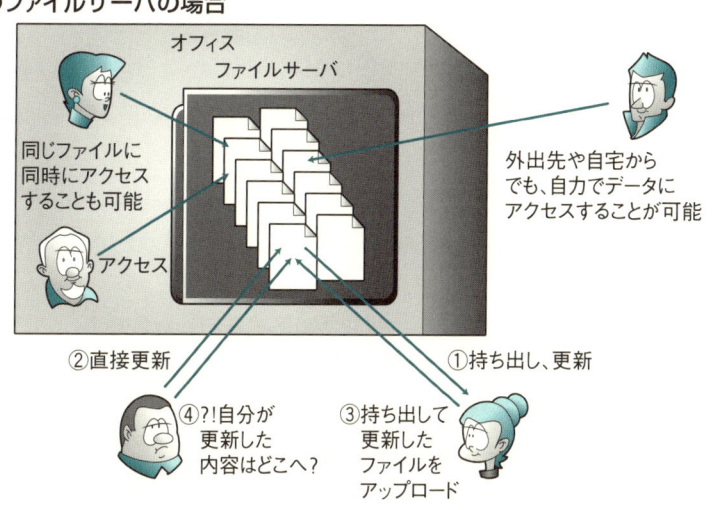

オフィス
ファイルサーバ

同じファイルに同時にアクセスすることも可能

アクセス

外出先や自宅からでも、自力でデータにアクセスすることが可能

②直接更新　　　　　　　　①持ち出し、更新
④?!自分が更新した内容はどこへ？　③持ち出して更新したファイルをアップロード

①～④：アクセスの方法やタイミングによっては、ある人にとっては内容が勝手に変わってしまう

ファイルサーバ②共有できるがゆえの問題と使いこなし

自分のパソコンにデータを格納するのに、何らかのルールを設けて整理しているでしょうか？ コンピュータ上にはファイルを置くためのディレクトリ（フォルダ）をかなり自由につくることができるので、ある基準に従ってファイルを分類し、同じグループのファイルは同じディレクトリに、という方法を採っている方が多いと思います。

ただ、はじめはルールどおりに使おうと思っても、意外なほど例外が多く発生し、例えば「その他」というディレクトリにいつの間にかたくさんのデータが溜まってしまう、という経験をしたことはないでしょうか？ あるいは、これを避けるためにたくさんの分類基準ができてしまい、必要なデータがどこにあるか探すのに時間がかかってしまう、という経験をした方もいることでしょう。

これらと同じことが、ファイルサーバで起こったらどうでしょう？ 人数が多くなればなるほど、扱うファイルの数も多くなり、その分例外も大量に発生します。おまけに人によってファイルの分類の基準が異なるわけですから、結局収集がつかなくなり、データの共有で効率的に業務が進む、という目標が遠のいてしまいます。これもデータを共有できるがゆえの問題といえます。

こういった問題はどのように解決されるべきでしょうか？ これを考えることが、ファイルサーバの使いこなしのために重要なプロセスになります。例えば、書棚をどのように使っているかを考えてみるのも1つの方法ではないでしょうか。さまざまなデータが電子化されるといっても、実際の業務はまだまだ紙媒体の書類ベースで行われているのが実情だと思いますが、会社ごとに紙媒体の書類の種類は決まっており、それらは可能な限りシンプルにかつ整然と分類・整理され、厳格に運用さ

ファイルサーバ②共有できるがゆえの問題と使いこなし

れていると思います。つまり、ファイルサーバの場合も同じで、運用ルールをどれだけシンプルかつ厳格に決められるかが、使いこなしの基本といえます。

使う人任せのファイルサーバの例

担当によりファイルの分類方法・基準が異なり、共有の効率が上がりにくい

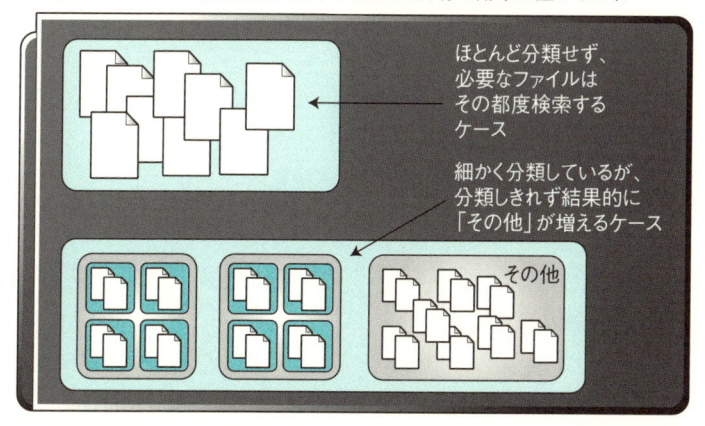

ほとんど分類せず、必要なファイルはその都度検索するケース

細かく分類しているが、分類しきれず結果的に「その他」が増えるケース

その他

厳格な運用ポリシーが決められ、守られているファイルサーバの例

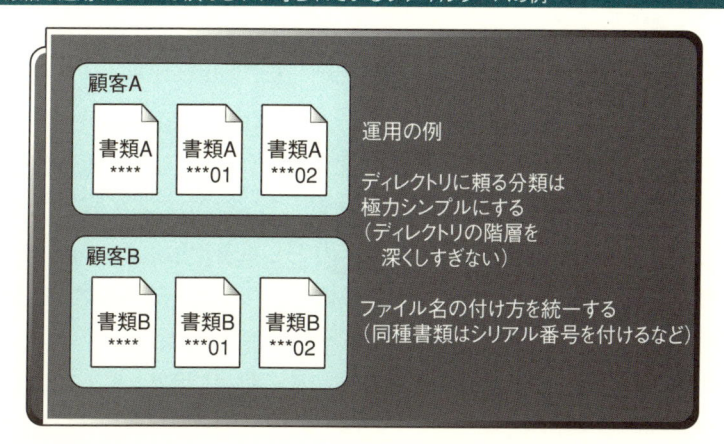

顧客A
書類A ****
書類A ***01
書類A ***02

顧客B
書類B ****
書類B ***01
書類B ***02

運用の例

ディレクトリに頼る分類は極力シンプルにする
（ディレクトリの階層を深くしすぎない）

ファイル名の付け方を統一する
（同種書類はシリアル番号を付けるなど）

ファイルサーバ③投資対効果と運用の課題

　ファイルサーバの運用ポリシーが決まったら、いよいよ具体的なシステムの検討ですが、これがまた考慮すべき要素がたくさんあります。格納したファイルをどのように使うか、つまり業務の形態とその中における位置づけによって、投資や運用のポイントがさまざまに異なります。具体的には、格納するデータの重要性や増加量、アクセスもとの場所やアクセス頻度、同時にアクセスするユーザ数、アクセスがある時間帯、データの更新頻度や保存期間といった要素をよく分析して、予算の範囲内でどこに重点を置くかを検討して導入・運用する必要があります。

　いつでもアクセスする可能性がある大きなデータをひたすら蓄積していくような環境の場合、拡張性を十分に考慮したシステムにする必要があります。データの保存期間は短くても、大量のデータを常時出入れすることが必要な場合は、パソコンに格納するよりもデータの読み書きが高速にできるシステムを、ネットワーク設備も含めて構築すべきでしょう。24時間常に使用され続け、そのアクセスの1つ1つが収益に直結するようなシステムの場合は、2重化などでシステム全体が絶対にダウンしないような仕組みが必要になります。また、格納するデータそのものが商品になるような業務に使用するのであれば、何よりもデータの保護が最優先となるでしょうから、信頼性やバックアップの仕組みを充実させることが重要になります。あるいは、これらのすべての要素が同じくらい重要、という厳しい環境もあるかもしれません。

　いずれにせよ、今やコンピュータに格納されるデータは企業の重要な資産となっていますから、その資産を預ける金庫のようなファイルサーバの導入・運用には、条件の十分な検討を必要とします。なおかつ、一元的にデータを格納することでどれほどの費用対効果が認められるかが

ファイルサーバ③投資対効果と運用の課題

関係しますから、ファイルサーバはある意味では最も取扱いが難しいサーバといえるかもしれません。

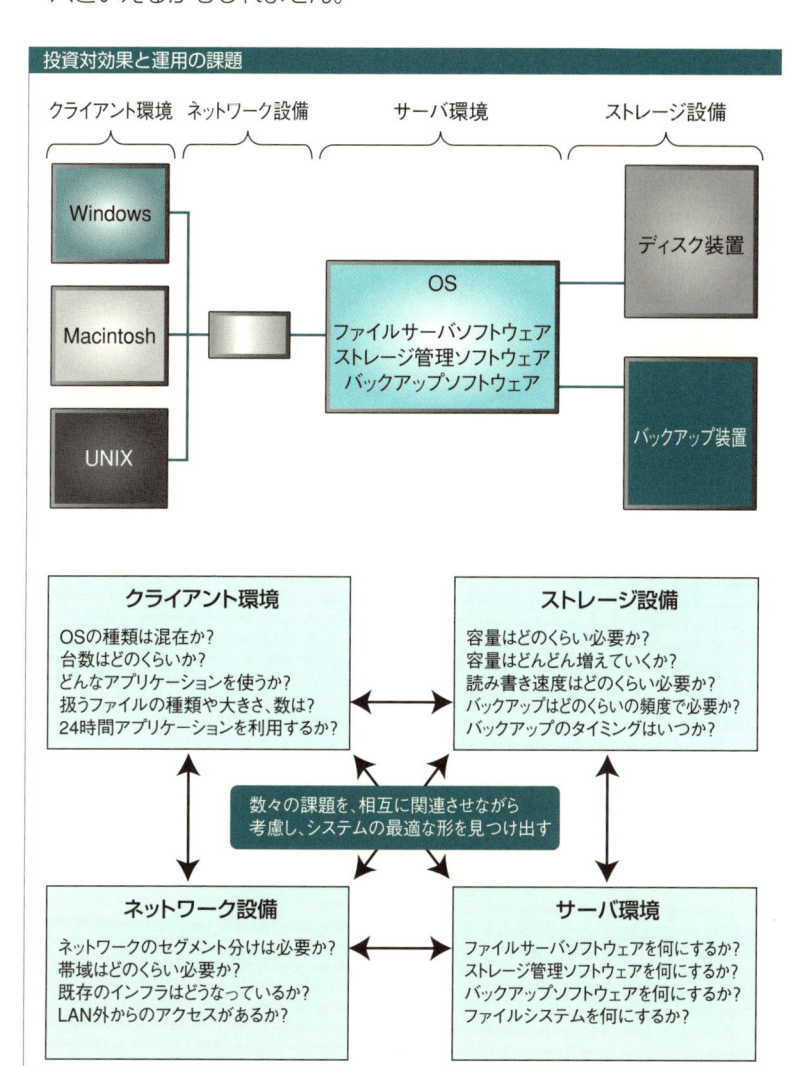

投資対効果と運用の課題

クライアント環境　ネットワーク設備　　サーバ環境　　　　ストレージ設備

- Windows
- Macintosh
- UNIX

OS
ファイルサーバソフトウェア
ストレージ管理ソフトウェア
バックアップソフトウェア

- ディスク装置
- バックアップ装置

クライアント環境
- OSの種類は混在か?
- 台数はどのくらいか?
- どんなアプリケーションを使うか?
- 扱うファイルの種類や大きさ、数は?
- 24時間アプリケーションを利用するか?

ストレージ設備
- 容量はどのくらい必要か?
- 容量はどんどん増えていくか?
- 読み書き速度はどのくらい必要か?
- バックアップはどのくらいの頻度で必要か?
- バックアップのタイミングはいつか?

数々の課題を、相互に関連させながら考慮し、システムの最適な形を見つけ出す

ネットワーク設備
- ネットワークのセグメント分けは必要か?
- 帯域はどのくらい必要か?
- 既存のインフラはどうなっているか?
- LAN外からのアクセスがあるか?

サーバ環境
- ファイルサーバソフトウェアを何にするか?
- ストレージ管理ソフトウェアを何にするか?
- バックアップソフトウェアを何にするか?
- ファイルシステムを何にするか?

4

特殊なサーバたち

DHCPサーバ①DHCPの仕組み

　みなさんが使用しているコンピュータは、ネットワーク設定をどのように実施しているでしょうか？　みなさんご自身あるいはネットワーク（システム）管理者の方が個別に設定をしている場合もあれば、DHCPで設定している、という場合もあるかと思います。

　コンピュータをTCP/IPネットワーク（例えばLAN）に接続して通信を行うためには、コンピュータにIPアドレスを割り当てることが必要であり、かつ、コンピュータを一意に識別するため、同じネットワーク上には同一IPアドレスの重複があってはなりません。

　コンピュータの台数が20〜30台程度と少なければ手動での設定作業も可能でしょうし、トラブルも比較的起こりにくいといえます。しかし、100台以上の規模になると、この管理や設定作業はかなりのボリュームになりますし、同一IPアドレスの重複によるネットワーク障害も発生しやすくなります。

　これを解決する方法が、DHCPによるコンピュータのネットワーク設定です。DHCPとはDynamic Host Configuration Protocolの略であり、文字どおりホスト（この場合はクライアント）のネットワーク設定を動的に行うものです。

　DHCPを使用するよう設定されているコンピュータは、ネットワークへの接続時にDHCPサーバを探します。そのコンピュータ（クライアント）にIPアドレスを割り当てることが可能なDHCPサーバが存在すれば、そのサーバは応答してクライアントに設定を割り当てます。サーバは割り当てたIPアドレスを管理しており、他のクライアントから割当てリクエストがあった場合に、重複なしにIPアドレスを割り当てるようになっています。

割り当てられる設定にはIPアドレス以外にも、デフォルトゲートウェイ、DNSサーバのIPアドレス、ドメイン名などがあります。

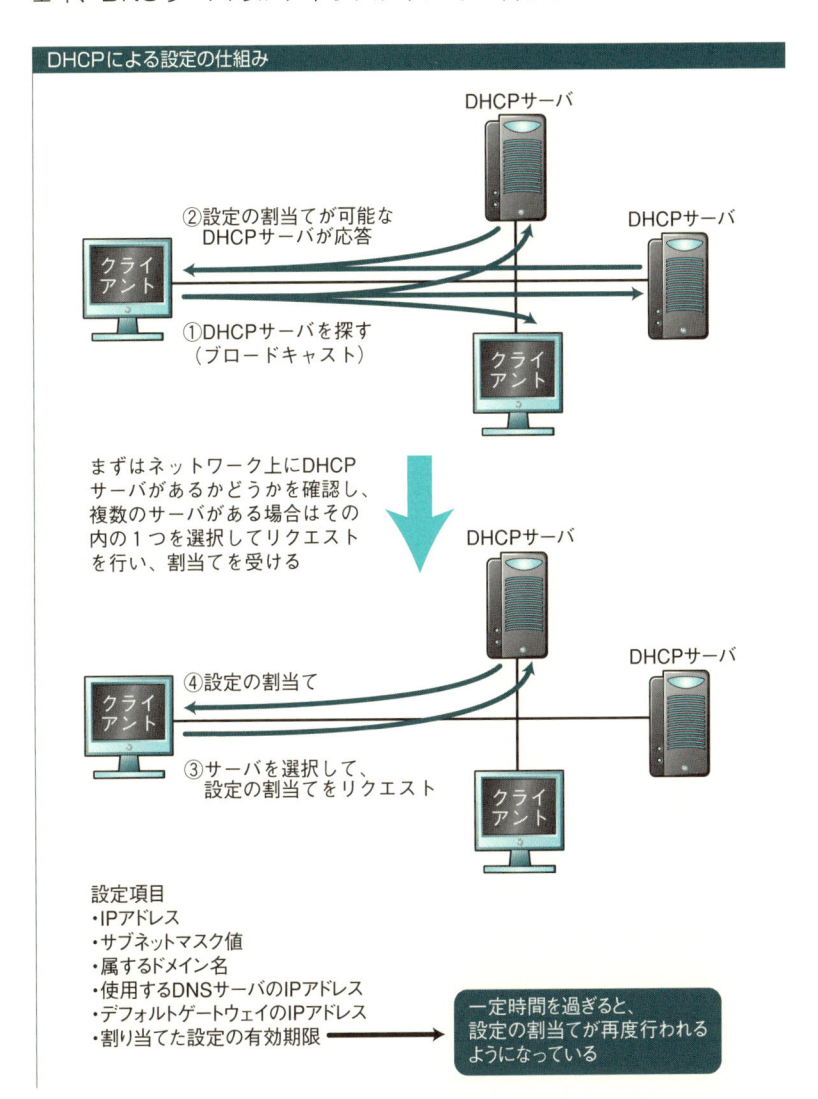

DHCPによる設定の仕組み

①DHCPサーバを探す（ブロードキャスト）

②設定の割当てが可能なDHCPサーバが応答

まずはネットワーク上にDHCPサーバがあるかどうかを確認し、複数のサーバがある場合はその内の1つを選択してリクエストを行い、割当てを受ける

③サーバを選択して、設定の割当てをリクエスト

④設定の割当て

設定項目
・IPアドレス
・サブネットマスク値
・属するドメイン名
・使用するDNSサーバのIPアドレス
・デフォルトゲートウェイのIPアドレス
・割り当てた設定の有効期限 → 一定時間を過ぎると、設定の割当てが再度行われるようになっている

DHCPサーバ②使用のメリットとデメリット

非常に便利なDHCPサーバですが、利用にはいくつかの注意が必要です。DHCPサーバを使用している環境では、コンピュータを持ってきて物理的に接続しさえすれば、そのコンピュータはネットワークを利用できてしまいます。つまり、ネットワークへの接続の人的なセキュリティ管理が甘いと、好ましくない第三者により何をされるかわからない、ということです。組織外の人間に接続を許す必要がある場合は、この点に注意しなければなりません。

運用上注意すべきなのは、複数のDHCPサーバがそれぞれ同じ範囲のIPアドレスを配り合わないようにすることです。物理的に同じネットワーク上に複数のDHCPサーバが存在すること自体は、DHCPの仕組み上可能になっています。しかしその場合、それぞれのサーバが異なる範囲のIPアドレスを割り当てるようになっていないと、複数のクライアントに同じIPアドレスが割り当てられてしまい、通信が不可能になるなどの障害が発生します。この問題は、外部ネットワークへのアクセス経路を複数設ける場合などに起こりがちです。ダイヤルアップルータなどは、DHCPサーバ機能を持っている場合が多く、もしそれがデフォルトで有効になっているものを、DHCPサーバを使用しているネットワークに接続すると、使用しているIPアドレス範囲によってはこの問題が発生します。

他にも注意すべき点があります。例えば、障害が発生した場合、IPアドレスの割当て状況をログをもとに調べる、というステップが必要になり、トラブルへの対処までに時間がかかる場合があります。また、DHCPサーバがダウンした場合、新たにコンピュータを接続するときに、DHCPが使用不能であるからといって不用意にIPアドレスを手動

DHCPサーバ②使用のメリットとデメリット

で設定すると、IPアドレスの重複が発生してしまいますので、注意が必要です。

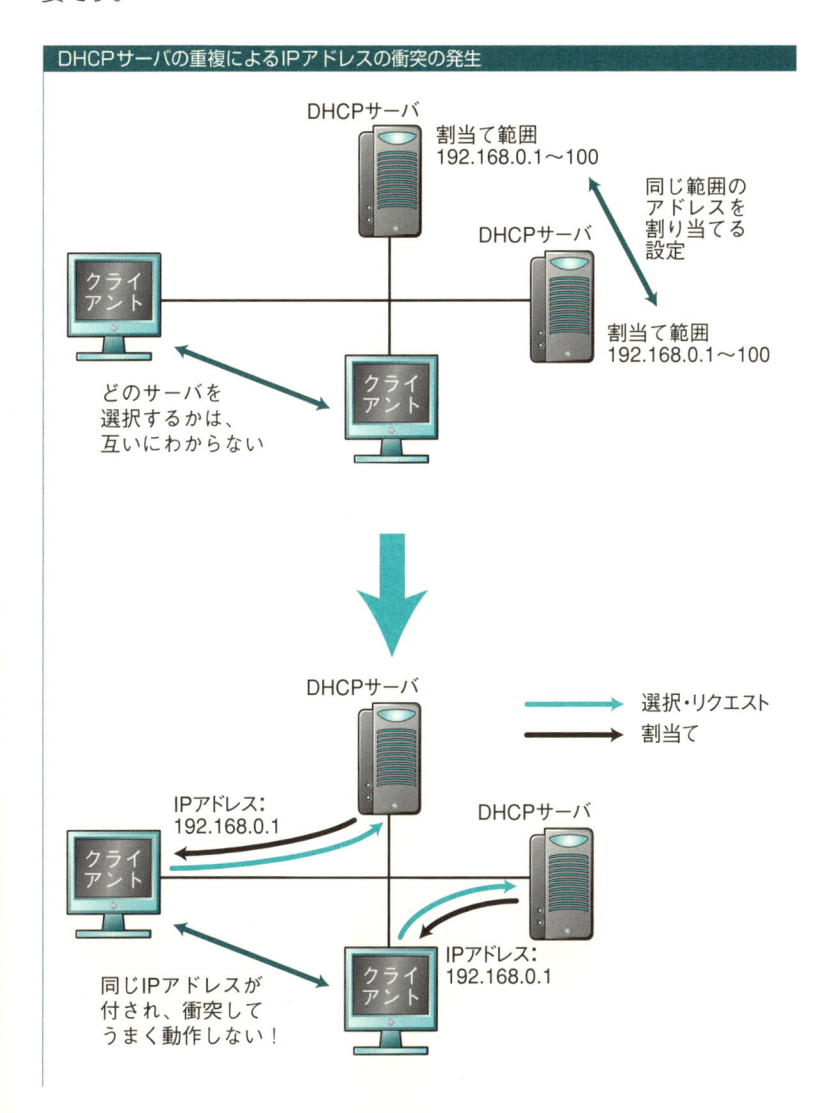

DHCPサーバの重複によるIPアドレスの衝突の発生

DHCPサーバ
割当て範囲 192.168.0.1～100

同じ範囲の
アドレスを
割り当てる
設定

DHCPサーバ
割当て範囲 192.168.0.1～100

クライアント

クライアント

どのサーバを選択するかは、互いにわからない

↓

DHCPサーバ

→ 選択・リクエスト
→ 割当て

IPアドレス：192.168.0.1

クライアント

DHCPサーバ

クライアント
IPアドレス：192.168.0.1

同じIPアドレスが付され、衝突してうまく動作しない！

113

Telnetサーバ

私たちがコンピュータを操作するとき、本体に接続されたディスプレイを見ながら、キーボードやマウスで操作しています。自宅で何台ものコンピュータを操作する方はそう多くはないでしょうから、「コンピュータを遠隔操作できればいいな」というニーズは、あまり一般的ではないかもしれません。

しかし、コンピュータの技術者にとっては、コンピュータの遠隔操作ができるととても便利です。例えば、離れた土地にあるコンピュータのサポートやメンテナンスを行うことができるのは、大きなメリットになります。

そこで使用されるのがTelnetというプロトコルです。Telnetクライアントソフトウェアを使用してTelnetサーバが起動しているコンピュータにネットワーク経由で接続すると、接続先のコンピュータの前に座っているのと同じようなCUI（Character User Interface）での操作を、ネットワーク経由で行うことが可能になります。

Telnetクライアントの操作中は、手元のキーボード操作データがTelnetサーバに送信され、Telnetサーバは受信したデータを自身への入力として処理します。直接操作していれば直接接続されているディスプレイに表示されるはずの、操作結果としての出力は、Telnetサーバからクライアントへ送信され、そのアプリケーション上に表示されます。

Telnetを活用することの副次的効果として、たくさんのコンピュータを設置している場合でも、コンソール用機材を節約することが可能な点が上げられます（設置時や、致命的なトラブルの場合は必要になりますが）。

とても便利なTelnetですが、安易な使用はセキュリティ上非常に致

Telnetサーバ

命的でもあります。これについては、次のセキュアシェルサーバにおいて説明しましょう。

コンピュータ単体での操作

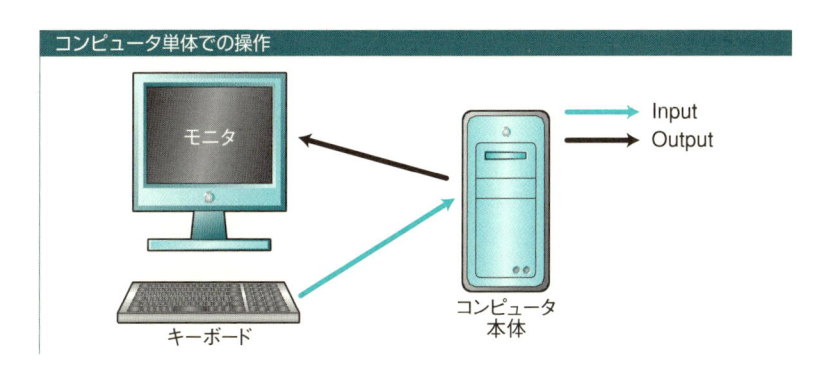

モニタ ← コンピュータ本体
キーボード → コンピュータ本体

→ Input
→ Output

Telnetによるコンピュータの遠隔操作

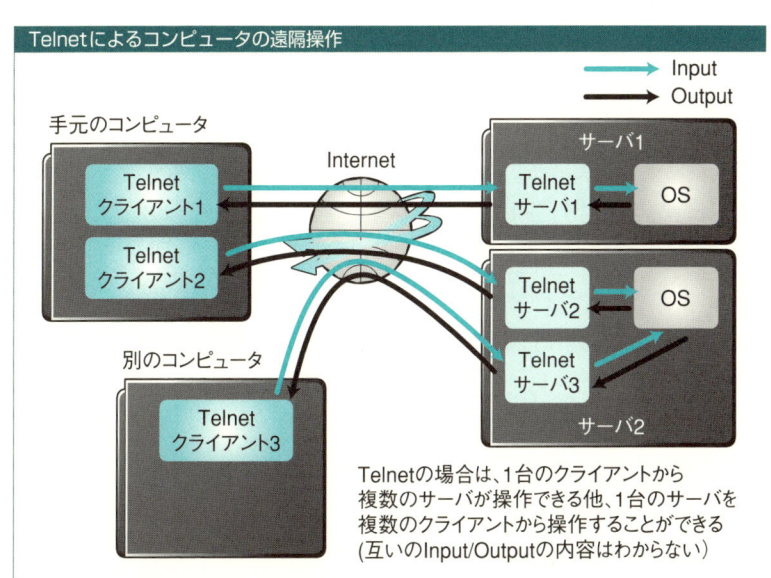

→ Input
→ Output

手元のコンピュータ
- Telnetクライアント1
- Telnetクライアント2

Internet

サーバ1
- Telnetサーバ1 ↔ OS

サーバ2
- Telnetサーバ2 ↔ OS
- Telnetサーバ3

別のコンピュータ
- Telnetクライアント3

Telnetの場合は、1台のクライアントから複数のサーバが操作できる他、1台のサーバを複数のクライアントから操作することができる(互いのInput/Outputの内容はわからない)

コンピュータ単体では、キーボード、モニタ、コンピュータ本体の間だけでやりとりされるInput/Output情報が、Telnetではネットワークを経由してクライアントソフトウェアとサーバソフトウェアとの間でやりとりされる

セキュアシェルサーバ

コンピュータの遠隔操作を可能にするTelnetサーバは非常に便利ですが、セキュリティ上致命的な欠点があります。それは、サーバとクライアントとの間でやりとりされるデータが、すべてプレーンなテキストデータとしてネットワーク上を流れるということです。ログインするときのパスワードのような極めて重要な内容もそのまま流れてしまいます。したがって、グローバルネットワーク越しのTelnet操作はデータ盗聴の可能性（＝危険性）が極めて高いものになります。

そこで一般的に使用されているのが、セキュアシェル（以下SSH）というプロトコルです。SSHでは、通信内容がすべて暗号化され、かなり安全にネットワーク経由でのリモート操作が可能になります。コンピュータのリモート操作を安全に行う方法は、SSHの使用以外にVPN（Virtual Private Network）経由などの方法がありますが、SSHの使用が最も手軽な方法であるといえるでしょう。

ところで、SSHには便利な機能があります。ポートフォワーディングという機能で、これを使用すると、リモート操作以外のさまざまなアプリケーションによる通信を暗号化することが可能です（クライアントとサーバの両方がこれに対応している必要があります）。

SSHクライアントがローカルコンピュータ上の特定のポートを監視し、このポート宛のデータを自動的に暗号化しSSHサーバへ送ります。SSHサーバがこのデータを受信すると、あらかじめクライアントにより指定された宛先コンピュータ/ポートへデータを送信します。

これにより、設定やSSH通信の確立の手間を気にしなければ、FTPやメール、ファイルサーバの使用などTCPポートを使用するあらゆる通信を安全に行うことが可能です。

セキュアシェルサーバ

Telnetによる通信の危険性

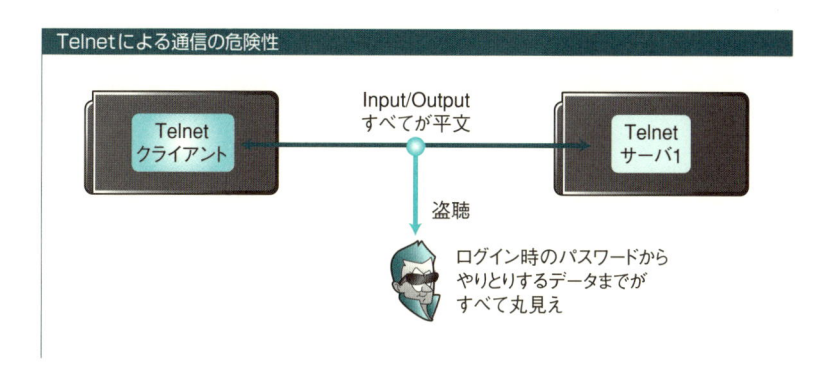

Telnetクライアント ←── Input/Output すべてが平文 ──→ Telnetサーバ1

盗聴 → ログイン時のパスワードからやりとりするデータまでがすべて丸見え

SSHによる通信内容の保護

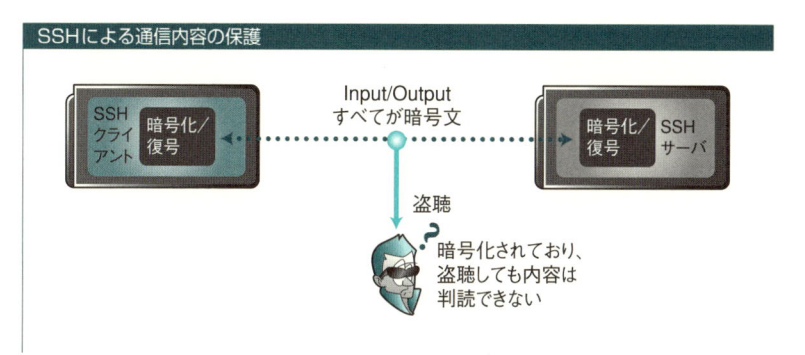

SSHクライアント 暗号化/復号 ←······ Input/Output すべてが暗号文 ······→ 暗号化/復号 SSHサーバ

盗聴 → 暗号化されており、盗聴しても内容は判読できない

SSHポートフォワーディングによる他のプロトコルの暗号化

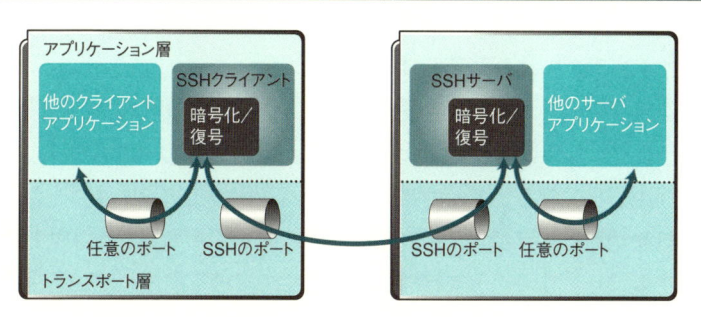

アプリケーション層
- 他のクライアントアプリケーション
- SSHクライアント（暗号化/復号）
- SSHサーバ（暗号化/復号）
- 他のサーバアプリケーション

トランスポート層
- 任意のポート
- SSHのポート
- SSHのポート
- 任意のポート

他のアプリケーションの通信をSSHを経由させることで暗号化して、安全に行うことができる

アクセスサーバ

近頃はADSLやCATV、FTTHなどのいわゆるブロードバンドでインターネットに常時接続されているご家庭も多いと思います。しかし、数年前までは、自宅からインターネットに接続するためには、アナログあるいはISDN回線を通じて、ISPにダイヤルアップ接続するしかありませんでした。このダイヤルアップ接続を受け付ける窓口になるのがアクセスサーバです。

パソコンからモデムやTA（ターミナルアダプタ）を通じてISPにダイヤルアップ接続を試みると、アクセスサーバがこれを受け、CHAP（Challenge-Handshake Authentication Protocol）あるいはPAP（Password Authentication Protocol）などの方法でユーザの認証を行います。アクセスを許可すべきユーザとして認められれば、パソコン（に接続されたモデムあるいはTA）にIPアドレスを渡して接続を確立します。こうして初めて、パソコンはISPを通してインターネットに接続されることになります。

アクセスサーバには、ISPが業務に使用するための大規模で高価なものから、小規模オフィスや家庭などで使用できる小型で安価なものまで、さまざまな製品が存在します。

いずれの場合もアクセスを受け付けるユーザの認証は厳密に行う必要がありますが、特にオフィス間の接続などの場合はコールバックという手法が用いられます。ダイヤルアップ接続を受けたアクセスサーバは一度これを切断し、アクセスしてきた端末に対して折り返しダイヤルアップにて接続します。こうすれば、あらかじめ接続を意図している相手以外からの不正なアクセスを防止できます。

一方、ISPなどで大規模な運用が必要な場合、ユーザ情報は膨大な

アクセスサーバ

ものになりますが、通常アクセスサーバは巨大なユーザ情報を格納できるだけのストレージを持ちません。また、アクセスポイントが多くある場合、ユーザ認証を一箇所で済ませることはできません。このため、RADIUSサーバなど別の認証専門のサーバを使用することが一般的です。

アクセスサーバに接続し、インターネットへ

ISP加入者のコンピュータは電話回線などを通じてアクセスサーバに接続し、アクセスサーバを通じてインターネットへ接続する

コールバック

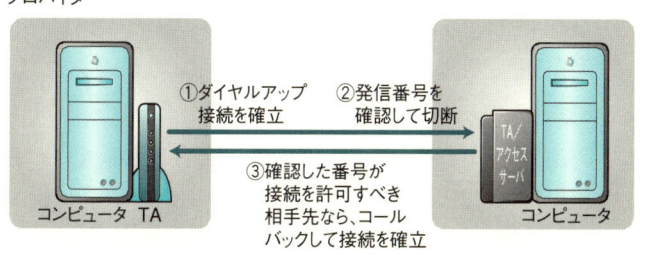

①ダイヤルアップ接続を確立
②発信番号を確認して切断
③確認した番号が接続を許可すべき相手先なら、コールバックして接続を確立

発信番号の詐称は非常に困難であるため、
接続をあらかじめ許可することになっている電話番号かどうかを確認することで、
不正アクセスをほぼ確実に防止できる

RADIUSサーバ

みなさんは、同じISPにアクセスポイントを変えてアクセスしたことがあるでしょうか? 別の街に引越しても引き続き同じISPを使い続けた、あるいはノートパソコンを持ち歩いていろいろなところからアクセスしたことがある方は、これを経験していることでしょう。

ISPにダイヤルアップ接続するときは、アクセスポイントごとに決められた電話番号にダイヤルし、アクセスサーバとの間で認証を経て接続を確立します。そうなると、認証のためのユーザ情報はアクセスサーバに格納されていそうなものです。しかし、もしそうだとしたら、アクセスポイントを問わないアクセスを可能にするためには、すべてのアクセスポイントのアクセスサーバに、同じユーザ情報が格納されている必要があります。これは非常に非効率的といえます。では、一体どのようにしてアクセスポイントを問わない接続が可能になっているのでしょうか?

この問題を解決すべく、すべてのアクセスポイントにて認証を一元化するために一般的に使用されているのが、RADIUS（Remote Access Dial-In User Service）というプロトコルであり、このプロトコルに基づき認証機能を提供するサーバがRADIUSサーバです。

アクセスサーバは、ダイヤルアップ接続を試みてきたユーザのIDとパスワードをもとに、アクセスを許可すべきかどうかRADIUSサーバへ問い合わせます。このときの通信はMD5（Message Digest5）という方式によって暗号化され、セキュリティが確保されます。アクセスサーバは、RADIUSサーバよりアクセスを許可すべきユーザであるとの回答を得て、ユーザのコンピュータとの間に接続を確立させます。

RADIUSサーバは、ダイヤルアップ接続以外での使用も可能です。

RADIUSサーバ

最近は無線LAN環境におけるログイン認証規格であるIEEE802.1x に対応したRADIUSサーバソフトが登場し、無線LAN認証にも使用されるようになっています。

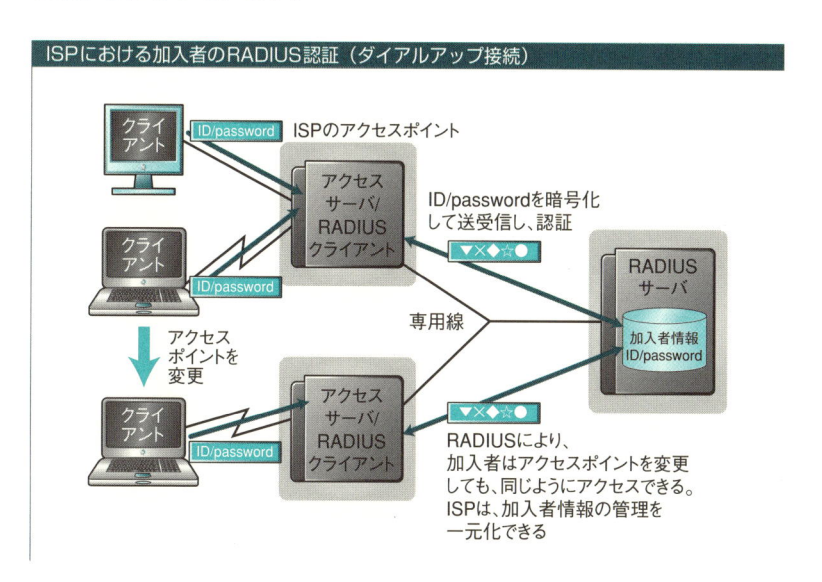

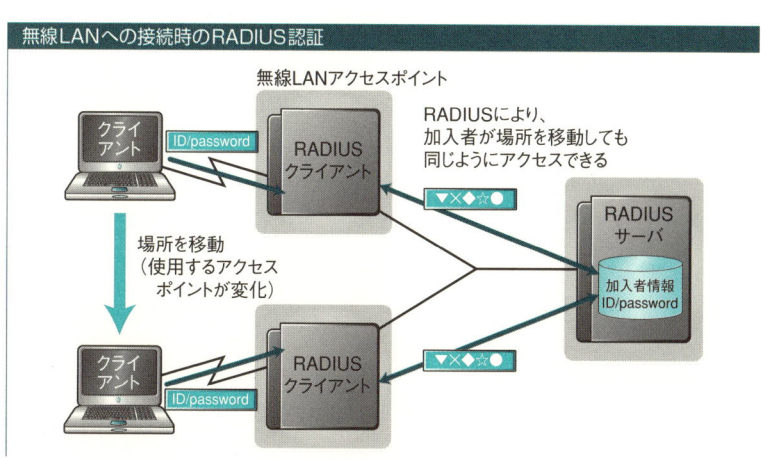

ISPにおける加入者のRADIUS認証（ダイアルアップ接続）

ISPのアクセスポイント

クライアント [ID/password] → アクセスサーバ/RADIUSクライアント

ID/passwordを暗号化して送受信し、認証

▼×◆☆● 専用線 RADIUSサーバ（加入者情報 ID/password）

アクセスポイントを変更

クライアント [ID/password] → アクセスサーバ/RADIUSクライアント

▼×◆☆●

RADIUSにより、加入者はアクセスポイントを変更しても、同じようにアクセスできる。ISPは、加入者情報の管理を一元化できる

無線LANへの接続時のRADIUS認証

無線LANアクセスポイント

クライアント [ID/password] → RADIUSクライアント

RADIUSにより、加入者が場所を移動しても同じようにアクセスできる

▼×◆☆● RADIUSサーバ（加入者情報 ID/password）

場所を移動（使用するアクセスポイントが変化）

クライアント [ID/password] → RADIUSクライアント

▼×◆☆●

ディレクトリサーバ①

みなさんは、同じコンピュータを長い間使用して、格納しているデータ量が多くなってきたとき、開きたいファイルがどこにあるかがわからなくなってしまった経験はないでしょうか？ こうした場合は、ファイル名やファイルに含まれる文字列から開きたいファイルがどこにあるかを検索しますが、やり方によってはなかなか見つからず、かなりの時間がかかる場合があります。

これが、ネットワーク上でさまざまなリソース（資源。コンピュータやプリンタ、あるいはサービスなど）を共有するようになると、事態は複雑になります。例えば、ある共有データの格納場所をどこか別の場所に移動した場合、移動した本人はよくても他の人がそれを使おうとした場合に困ってしまうこともあります。

また、ネットワークの規模が大きくなればなるほど、この問題は特にシステム管理者にとって深刻の度合いを増します。ユーザはネットワークで接続できるあらゆる場所からさまざまなリソースにアクセスしますが、このアクセス許可の管理だけでも人事異動のたびに膨大な手間が発生することになります。これを嫌ってリソースごとに分担した管理を行うとなると、システム間で管理の整合性が取れなくなったりして、ネットワークの価値が下がり本末転倒となりかねません。

そこで登場するのがディレクトリサービスです。ディレクトリサービスは、「何がどこにあるか」あるいは「それがどんなものか」という情報をユーザに提供する、情報検索サービスです。このようなサービスを提供するのがディレクトリサーバです。

ドメイン名から実際のネットワーク上の住所にあたるIPアドレスを導き出すDNSも、1つのディレクトリサービスであるといえます。し

ディレクトリサーバ①

かし、本節でいうディレクトリサーバが提供するディレクトリサービスは、もっと汎用的なもので、さまざまなリソースの情報を管理することが可能です。

ネットワーク上のリソースの移動

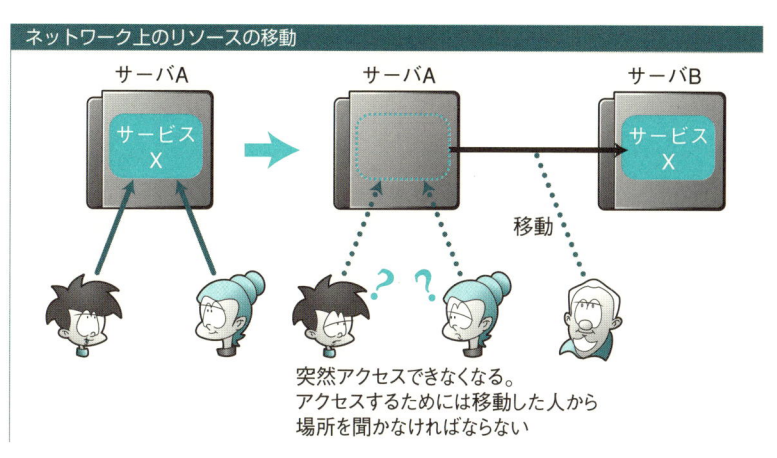

突然アクセスできなくなる。
アクセスするためには移動した人から場所を聞かなければならない

ディレクトリサーバによるリソースの管理

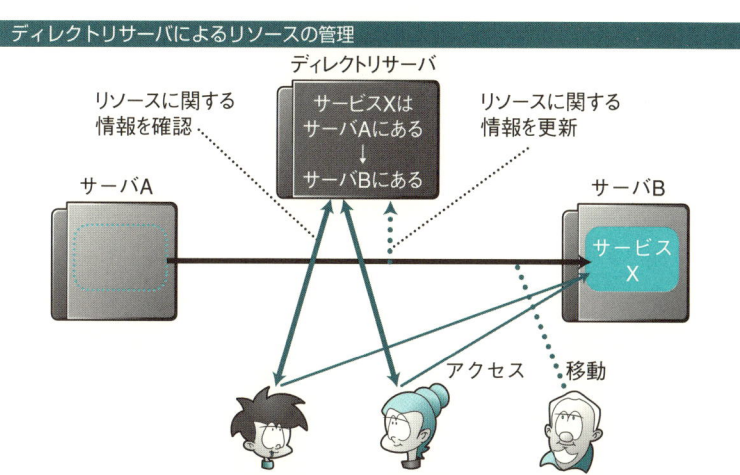

ディレクトリサーバが、どのリソースがどこにあるかを一元管理することで、ユーザはディレクトリサーバを利用してリソースの所在を確認し、迷わずアクセスすることができる

ディレクトリサーバ②

ディレクトリサービスにおいては、リソースはディレクトリツリーのどこかに置かれます。ツリーという名前がついているのは、分岐を繰り返す木の枝（あるいは根）にたとえて表現されているためです（このような構造を一般的にツリー構造と呼びます）。

ディレクトリにはそれぞれ属性が割り当てられています。この属性には、どこのグループの人がアクセスできる、といったアクセス権に関する情報も含まれます。

ディレクトリの中には、コンピュータやプリンタなど、ネットワーク上のリソースが置かれます。同じディレクトリ内に置かれたすべてのリソースに対して、ディレクトリの属性を適用することができます。

これと同じように、人に関する情報をディレクトリサービスで管理することも行われます。上記のアクセス権の管理の例になりますが、組織に新しいメンバーが加わる場合、その人の情報をあるグループのディレクトリに格納しさえすれば、そのグループがアクセスできるよう設定されているすべてのリソースに、個々のリソースに対して個別に設定を行うことなくアクセスすることが可能になります。メンバーが別のグループに移る場合も、その人の情報を別のグループのディレクトリに移動するだけで、アクセス権の変更が可能なわけです。

このような形で、人やネットワーク上のリソースを管理したりする他、ディレクトリサービスを応用することで、さまざまなサービスへのアクセスを一元的に制御するシングルサインオンなども実現することができます。

ディレクトリサーバ②

ディレクトリの構造とリソースの移動

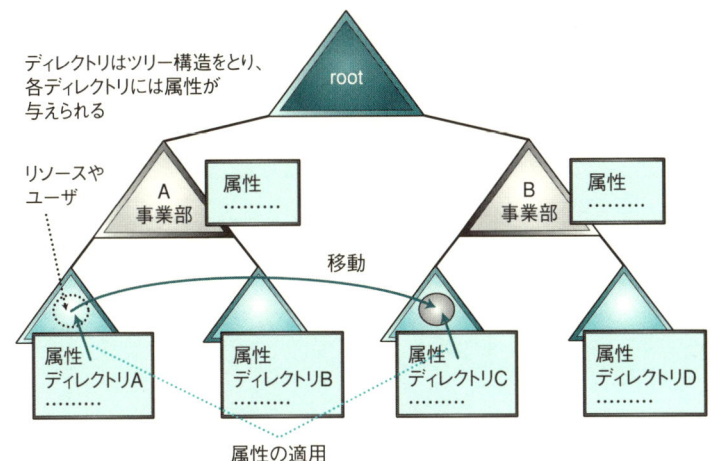

ディレクトリはツリー構造をとり、各ディレクトリには属性が与えられる

- root
- A事業部 / 属性
- B事業部 / 属性
- 属性 ディレクトリA
- 属性 ディレクトリB
- 属性 ディレクトリC
- 属性 ディレクトリD

リソースやユーザ

移動

属性の適用

属するディレクトリを移動すると、適用される属性が変化する

アクセス権が属性に含まれる場合

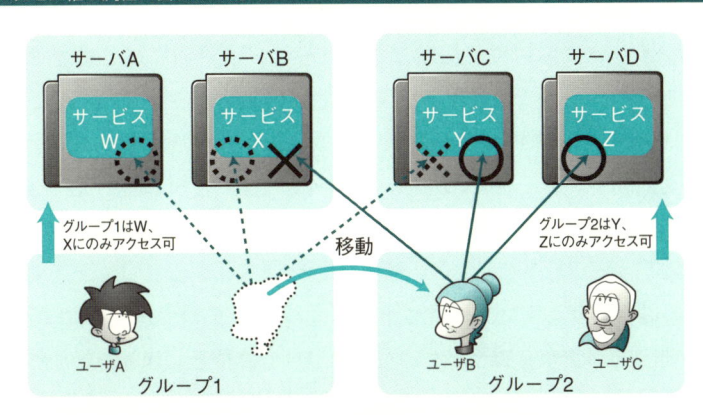

- サーバA：サービスW
- サーバB：サービスX ×
- サーバC：サービスY
- サーバD：サービスZ

グループ1はW、Xにのみアクセス可

グループ2はY、Zにのみアクセス可

移動

- ユーザA グループ1
- ユーザB グループ2
- ユーザC

ディレクトリサーバにおいて、ユーザBの情報をグループ1からグループ2に移動すると、アクセス権もグループ1の権限からグループ2の権限へと変化する

プロキシサーバ

インターネットにコンピュータを接続することは、不正アクセスなどのさまざまな危険を伴います。これに対抗する手段として使用されるのがファイアウォールと呼ばれる技術です。ファイアウォールは、ネットワークの内と外とを分け、通過しようとするデータをチェックして通過させるかどうかを決定（フィルタリング）することにより、セキュリティを確保する技術です。このフィルタリングをTCP/IPのどのレイヤで行うか（データのチェックをどこまで詳しく行うか）により、パケットフィルタリング（インターネット層）、サーキットレベルゲートウェイ（トランスポート層）、アプリケーションゲートウェイ（アプリケーション層）の3種類に分類されます。このうちアプリケーションゲートウェイとしての働きをもつサーバが、プロキシ（proxy）サーバです。

プロキシサーバは、クライアントが例えばWebサーバにアクセスしようとするとき、その接続を自身がWebサーバとして一旦受け付けてしまいます。受け付けた接続がセキュリティ上許可すべき接続であれば、サーバ自身がクライアントの代理としてWebサーバにアクセスします。そうしてWebサーバから受け取ったデータが、セキュリティ上通過を許可すべきものであれば、クライアントへデータを中継します。

プロキシサーバソフトウェアは、アプリケーション層のソフトウェアですので、アプリケーションの種類ごとに異なるソフトウェアを用意しなければならず、また、高度な処理を行うためコンピュータに比較的高い処理能力が要求される、というデメリットは存在します。しかし、通信の種類やもとと宛先のコンピュータのアドレスなどから正しいコネクションであるかどうかまでしかチェックしないパケットフィルタリング、あるいはサーキットレベルゲートウェイよりもきめ細かな制御が可能で

あり、より強固なセキュリティが確保できる点で優れています。

プロキシサーバの仕組み

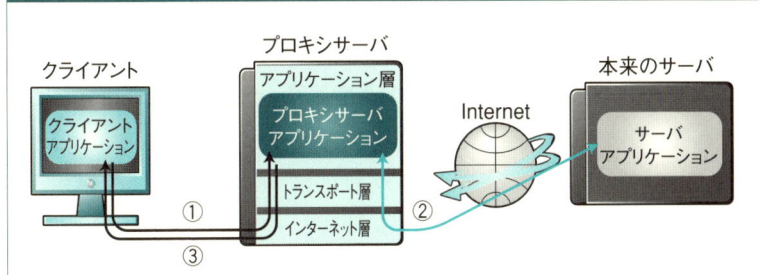

①クライアントアプリケーションのサーバへのリクエストを、プロキシサーバアプリケーションが受け付ける
②プロキシサーバアプリケーションが、もとのクライアントアプリケーションの代理（プロキシ）となり、クライアントとして本来のサーバにアクセスし、サービスを受ける
③プロキシサーバは、サービスがリクエストに応じた適切なものであれば、もとのクライアントに対し、本来のサーバから受け取ったサービスを渡す

アプリケーションごとに必要なプロキシサーバ

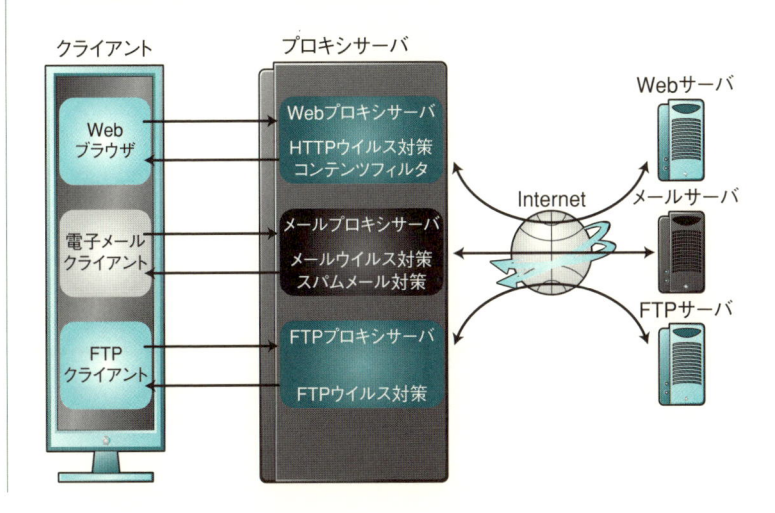

キャッシュサーバ

プロキシサーバは、通過するデータを逐一チェックし、データを中継するかを判断します。このとき、中継するデータを単純に通過させるだけというのは、とてももったいないことです。世の中には、多くの人がアクセスするWebサイトというものがあり、同一のネットワークにおいても複数のクライアントから同じWebサイトへのアクセスが発生します。この場合、安全だとわかっているデータを何度も繰り返し送受信することになり、無駄なトラフィックの増大につながります。

そこで、プロキシサーバソフトウェアは、中継したデータを一時的に蓄積する機能（キャッシュ機能）を併せ持っていることが多くあります。これをキャッシュサーバと呼びます。

一般的にキャッシュサーバといえば、上記のように、クライアントに近い位置にあり、クライアントからのアクセスを受け付け、蓄積してあるデータをクライアントに返すフォワードプロキシキャッシングを行うサーバのことを指します。しかし、キャッシュ機能を逆の発想で、つまりサーバに近い位置に置き、サーバが応答したデータを蓄積しておくことで、本来のサーバの代理としてクライアントからのアクセスに応答させるために使用する場合もあります。これをリバースプロキシキャッシングと呼びます。

フォワードプロキシキャッシングは、例えば研修や学校の授業などで、同じWebサイトに一斉にアクセスするような場合に効果を発揮します。一方、リバースプロキシキャッシングは、アクセス数が多いWebサイトにおいて負荷分散のために使用するのが、有効な使い方です。

ブロードバンドの普及でデータのダウンロード速度が上がるとはいえ、同時に1つのコンテンツの容量も増えています。キャッシュサーバは、

そのような状況下で少しでも快適なアクセス環境を維持するために有効な機能を有しているといえるでしょう。

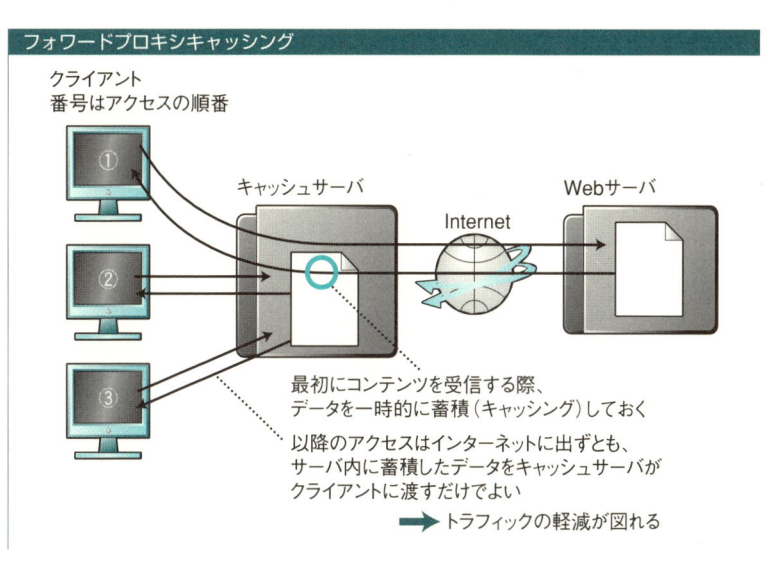

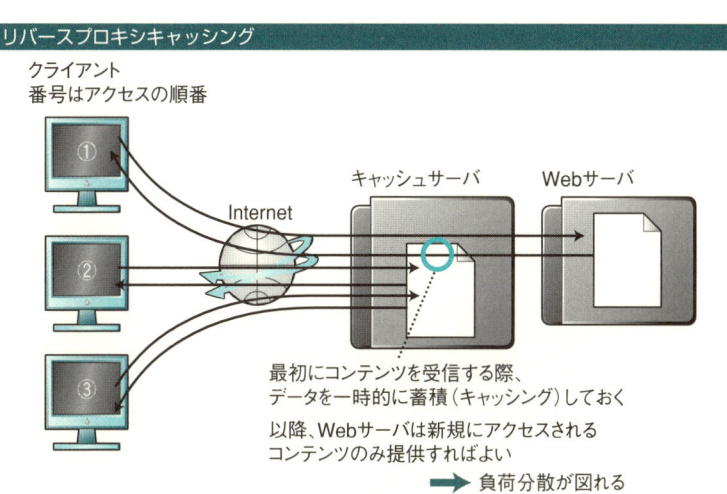

フォワードプロキシキャッシング

クライアント
番号はアクセスの順番

キャッシュサーバ　　Internet　　Webサーバ

最初にコンテンツを受信する際、
データを一時的に蓄積（キャッシング）しておく

以降のアクセスはインターネットに出ずとも、
サーバ内に蓄積したデータをキャッシュサーバが
クライアントに渡すだけでよい

➡ トラフィックの軽減が図れる

リバースプロキシキャッシング

クライアント
番号はアクセスの順番

Internet　　キャッシュサーバ　　Webサーバ

最初にコンテンツを受信する際、
データを一時的に蓄積（キャッシング）しておく

以降、Webサーバは新規にアクセスされる
コンテンツのみ提供すればよい

➡ 負荷分散が図れる

NTPサーバ

みなさんは、パソコンの時計の誤差が意外と大きいと感じたことはないでしょうか？ 電子メールクライアントの、メールの一覧表示を時刻順にしている方は、実際のメールのやりとりの順番と表示の順番とがちぐはぐになったりしたことがあるかと思います。

メールの表示に関しては、既読か未読かの表示もあることですし、時計の誤差はさほど大きな問題にはならないかもしれません。しかし、この誤差は、コンピュータ間の高度な連携が必要になるシステムにおいて不具合の原因となることが少なくありません。

コンピュータにも、RTC（Real Time Clock）と呼ばれる、時計機能をもつ回路が搭載されており、OSは起動時にこの時計を読み取って、計時を行うようになっています。このRTCは、私たちが普段使う腕時計や壁掛け時計の時刻にそれぞれズレがあるのと同じで、コンピュータ間で多少の誤差が生じます。そういったズレを修正するために使用されるのが、コンピュータ内部の時刻をTCP/IPネットワーク上を介して修正するためのNTP（Network Time Protocol）であり、時刻合わせの基準となるコンピュータをNTPサーバと呼びます。

腕時計などでいえば、電波時計のようなものだと考えればよいでしょう。電波時計は、日本では佐賀県および福島県から発信される日本標準時を示す電波を、個々の時計が受信して時刻を修正するタイプの時計です。NTPの場合は、たった2台のコンピュータを基準に他のすべてのコンピュータが時刻合わせをしようとすると、サーバに大変な負荷がかかってしまいます。しかし、NTPはクライアント/サーバの関係を任意に階層化できるようになっており、負荷の集中を回避することができるので、適切に運用すれば問題ありません。

NTPサーバ

標準電波による時計の時刻合わせ

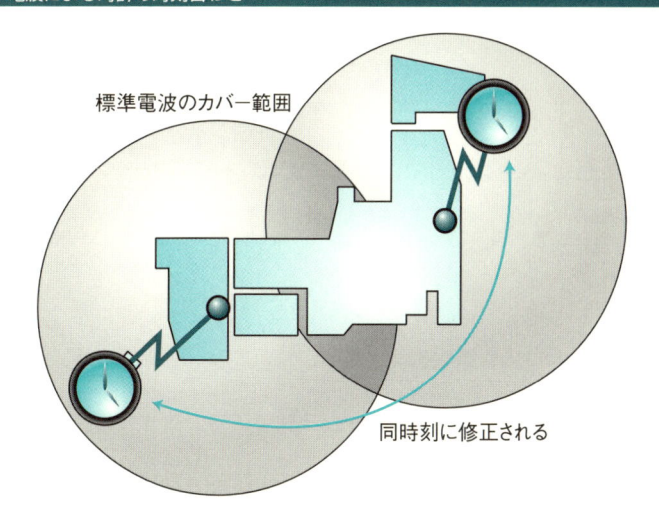

標準電波のカバー範囲

同時刻に修正される

NTPによるRTCの時刻合わせ

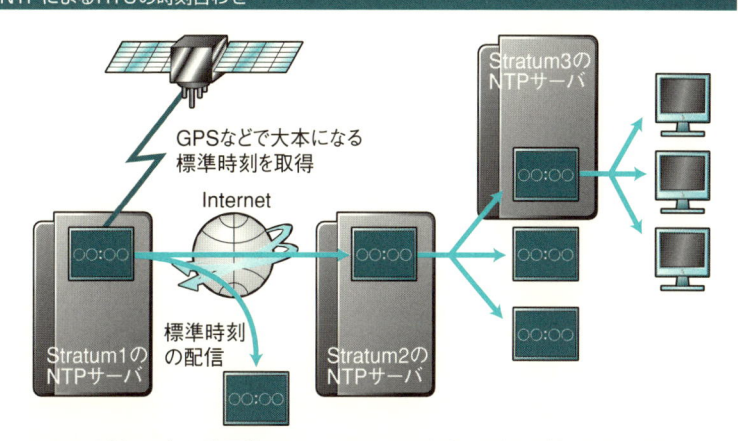

GPSなどで大本になる標準時刻を取得

Internet

Stratum1のNTPサーバ

標準時刻の配信

Stratum2のNTPサーバ

Stratum3のNTPサーバ

NTPでは時刻の配信を階層化できる。GPSなどで大本の標準時刻を取得し配信するサーバをStratum1のNTPサーバ、これを受けてさらに下位のコンピュータに時刻を配信するサーバをStratum2のNTPサーバと呼び、Stratum15までが構築可能である

131

5

ハード面から見たサーバ

役割と負荷と信頼性とハード性能

　ここまで見てきたように、サーバは現代社会において極めて重要な位置を占めるネットワークを支える存在として、数多くのクライアントに休むことなくサービスを提供し続ける使命を与えられています。アクセスやデータの集中に耐えつつ、安定して稼動しなければならないサーバは、ハードウェア的に見てもパソコンとは一線を画す存在です。ここからは、サーバがどのようなハードウェアにより構成されるかを見ていきましょう。

　みなさんも目や耳にしたことがあるかと思いますが、コンピュータとは何かという話になるとほぼ間違いなく、ハードウェアが持つ基本的な5つの機能について説明されます。それらは制御、演算、記憶、入力、出力です。ハードウェアはたったこれだけのことができるものに過ぎませんが、私たちはそのハードウェアに、それらの機能を使用するソフトウェアを組み合わせることで、役に立つ道具にすることができます。

　ただ、最近のコンピュータは単体で使用されるよりも、他のコンピュータと通信する環境に置かれる場合のほうが圧倒的に多く、また、コンピュータ同士の通信は社会的なインフラとしても極めて重要なものになっています。したがって、6大機能とまではいかなくても、5大機能＋通信機能として把握したほうがよいかもしれません。

　パソコンとサーバでは、これらの6つの機能を実現するハードウェアにおいても、その役割と同様に大きな違いがあります。多くのクライアントからリクエストが集まり、多数の処理をこなす必要があるサーバは、とくに制御、演算、記憶、通信に高度な性能が求められます。

　さらにサーバでは、それらの機能を十二分に活用するために、コンピュータ同士を連携させて使用する構成方法なども重要になります。本章

役割と負荷と信頼性とハード性能

では、個々の機能のみならず、それらの方法についても見ていきます。

コンピュータの5大機能と装置

	機能		装置
5大機能	演算	データやプログラムをもとに演算を行うための機能	CPU…Central Processing Unit (MPU…Micro Processing Unit)
	制御	各装置の動作を制御するための機能	
	記憶	入力されたデータ、出力されるデータ、演算結果、プログラムなどを格納するための機能	主記憶装置（メインメモリ）
			補助記憶装置（ハードディスク、フロッピーディスクなど）
	入力	計算を行うためのデータを、人間がコンピュータに渡すための機能	キーボード、マウスなど
	出力	計算を行った結果を、コンピュータが人間に渡すための機能	ディスプレイ、プリンタ、スピーカなど
+1	通信	コンピュータ間でデータのやりとりを行うための機能	NIC、モデムなど

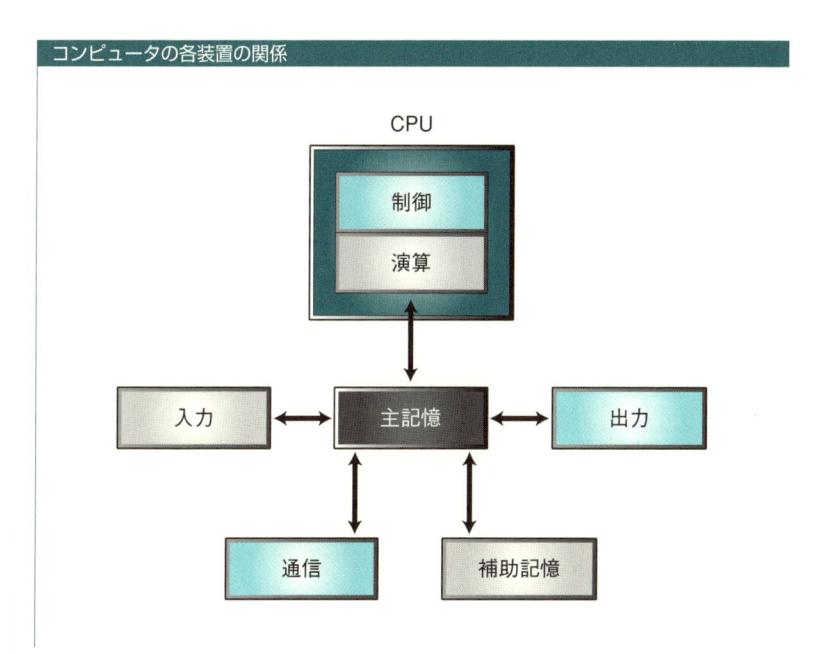

コンピュータの各装置の関係

```
        CPU
    ┌─────────┐
    │  制御   │
    │  演算   │
    └─────────┘
         ↕
入力 ↔ 主記憶 ↔ 出力
         ↕
    通信  補助記憶
```

CPU①サーバ用とパソコン用の違い

コンピュータの基本機能のうち制御と演算を行い、その頭脳として中心的な役割を持つのがCPU (Central Processing Unit：中央処理装置) です。CPUはメモリからデータとプログラムを読み込み、それらを解釈し、演算を行います。そしてその性能は、基本的には単位時間当たりにどのくらいの数の演算ができるかにより計られ、比較されます。この数は、CPUが一度に取り扱えるデータの量（32ビット、64ビットなど）や、動作クロック数（1GHz、2.8GHzなどのようにHzで表されます）などが主な要素となって決定されます。

ただ、このCPUに関する数値自体がパソコンとサーバとでどのくらい違うかという比較は、最近ではさほど重要ではなくなってきています。パソコンとサーバのいずれでも広く使用されるIntel社の32ビットプロセッサに関していえば、パソコン用として使われるPentium4とサーバ用のXeonは、いずれも3GHz付近が最高となっており、ほとんど変わりません。

では何が違うかといえば、それはキャッシュメモリの容量、1つのコンピュータに同時に搭載できる数などです。

キャッシュメモリは、CPUの内部に置かれる高速なメモリです。CPUはメモリとの間でデータのやりとりを行いますので、この速度もコンピュータ全体の処理速度に影響します。キャッシュメモリは、このやりとりをCPUの外部に置かれるメインメモリとのやりとりよりも高速に実行することができます。したがって、頻繁にアクセスするデータをキャッシュメモリに置いておくことで、全体的な処理を高速化することができます。

また、サーバ用のCPUはマルチプロセッサ化が可能になっているの

CPU①サーバ用とパソコン用の違い

が一般的です。1つのコンピュータに2つ、4つ、8つあるいはそれ以上の数のCPUを搭載し、処理を分担させることで、全体的な処理を飛躍的に高速化することが可能です。

現在の主なCPU

用途	メーカ	プロセッサ名称	マルチプロセッサ（2個超）対応
サーバ用	Intel	Pentium III Xeon	○
		Xeon	
		Xeon MP	○
		Itanium	○
		Itanium2	○
	IBM	POWER4	○
	Sun Microsystems	Ultra SPARC III	○
	Hewlett-Packard	PA-8700	○
		Alpha 21264	○
パソコン用	Intel	Celeron	
		Pentium III	
		Pentium 4	
	IBM/Apple	PowerPC G4	
		PowerPC G5	

キャッシュメモリ

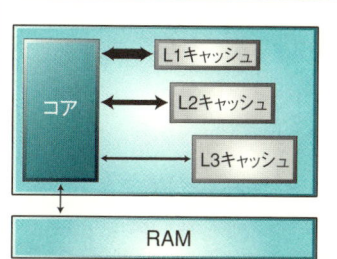

- RAMよりもCPU内部のキャッシュメモリの方が高速
- 速度はL1、L2、L3の順に速く、容量はL3、L2、L1の順に大きい
- サーバ用CPUはキャッシュ用メモリの容量が比較的大きい

マルチプロセッシング

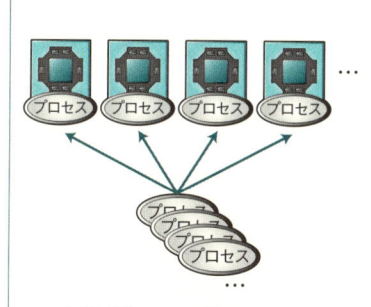

処理を複数のCPUに分担させることで、総合的に高速になる

CPU②マルチスレッディング、マルチコア

　サーバアプリケーションは、複数のクライアントからのリクエストに応じて処理を行う必要があります。したがって、サーバアプリケーションの設計においては、内部的に複数の処理単位（スレッド）を発生させる方法（マルチスレッド）が用いられることがよくあります。このため、複数の処理単位を複数のCPUで分担して処理できるマルチプロセッサ化は、サーバにおいて用いられることが多くなっています。前節でサーバ用CPUはマルチプロセッサ対応が一般的である、としたのはそういうことです。

　ところで、最近注目されているCPUの性能向上技術として、マルチスレッディングというものがあります。CPUメーカの大手であるIntel社ではこれをハイパー・スレッディング・テクノロジ（Hyper-Threading Technology）と名付けています。マルチスレッディングとは、CPU内部で処理に使われていない空き部分を別のプロセッサのように見せかけ、複数のスレッドを同時並列的に処理する技術です。ハイパー・スレッディング・テクノロジでは、物理的に1つのプロセッサが2つのプロセッサのように振る舞います（今後はその数が増える予定もあるようです）。ただ、実際に処理性能が2倍になるというわけではなく、現状では20％～30％、パフォーマンスが向上するといったところです。

　また、CPUによるコンピュータの処理能力向上の方法として、マルチコアプロセッサというものがあります。プロセッサには計算機としての機能をもつコアという部分があり、文字どおりプロセッサの核（＝core）として動作します。マルチコアプロセッサとは、1つのパッケージとしてのプロセッサ内に、複数のコアを搭載したものです。この技術

CPU②マルチスレッディング、マルチコア

は、すでにIBM社のPOWER4プロセッサに採用され、今後Sun社のUltra SPARC IVプロセッサやHewlett-Packard社のプロセッサにも採用される予定となっており、高価なUNIX系サーバに用いられるのが現状のようです。

マルチスレッディング非対応と対応CPUの違い

●マルチスレッディング非対応のCPU

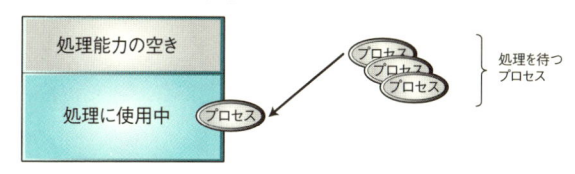

処理能力の空き	
処理に使用中	プロセス

プロセス / プロセス / プロセス — 処理を待つプロセス

●マルチスレッディング対応のCPU

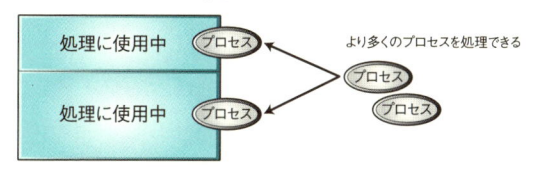

処理に使用中	プロセス
処理に使用中	プロセス

より多くのプロセスを処理できる

マルチコアプロセッサの効果

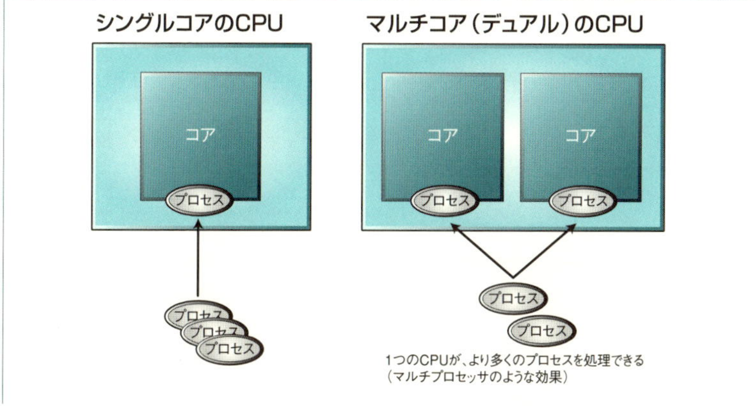

シングルコアのCPU

コア / プロセス
← プロセス / プロセス / プロセス

マルチコア（デュアル）のCPU

コア（プロセス） コア（プロセス）
← プロセス / プロセス

1つのCPUが、より多くのプロセスを処理できる
（マルチプロセッサのような効果）

メモリ

コンピュータの5大機能の1つ、記憶機能を担当する記憶装置（メインメモリ）は、CPUが直接データを読み込みあるいは書き込み、作業領域とする重要な部分です。ハードウェア的には、一般的にメモリあるいはRAM（Random Access Memory）と呼ばれる半導体記憶装置が使用されます。

現在のメモリは動作が非常に高速化しており、とくにPC3200規格のDDR SDRAM（Double Data Rate Synchronous Dynamic Random Access Memory）においては毎秒3.2GBという猛烈な勢いでデータを出し入れします。このため電流容量やノイズに関して非常にセンシティブであり、また、メモリは複数のモジュールが同時に使用されることが普通であるため、それらの同期のタイミングも極めてシビアになってきています。おまけに、メモリのエラーは、プログラムの停止のみならずOSを巻き込んでのシステム全体のダウンにつながるなど、致命的なエラーになりがちです。

しかし、どんなにメモリの動作が高速化していくとしても、サーバに求められる信頼性は高くなりこそすれ、低くなることはありません。そこでサーバには、メモリもパソコンと比較して特別なものが用いられるのが普通です。具体的にはECC機能付きのレジスタードメモリというものがそれです。

ECC（Error Check and Correct）機能とは、メモリエラーを検出してそれを修正する機能です。伝送するデータのビット以外に、誤り訂正用のビットを持ち、伝送中にエラーが発生した場合でもエラーを修正して正しいデータに復帰させることができます（ただし、すべてのエラーを検出・訂正できるわけではありません）。

メモリ

　レジスタードとは、データの出し入れ時に一度専用のチップ（バッファ）にデータを格納し、ノイズの除去やタイミングの調整を行う機能を搭載していることを指します。これらにより、高速なメモリを何枚も同時に使用する際の安定性が高まります。

現在の主なメモリの規格

	メモリモジュールの規格	メモリチップの規格	最大データ転送速度
DDR SDRAM	PC3200	DDR-400	3.2GB/秒
	PC2700	DDR-333	2.7GB/秒
	PC2100	DDR-266A/266B	2.1GB/秒
	PC1600	DDR-200	1.6GB/秒
SDRAM	PC133	-	1.06GB/秒
	PC100	-	0.80GB/秒
Direct RDRAM	RIMM4200	PC1066	4.26GB/秒
	RIMM2100	PC1066	2.13GB/秒
	RIMM1600	PC800	1.6GB/秒

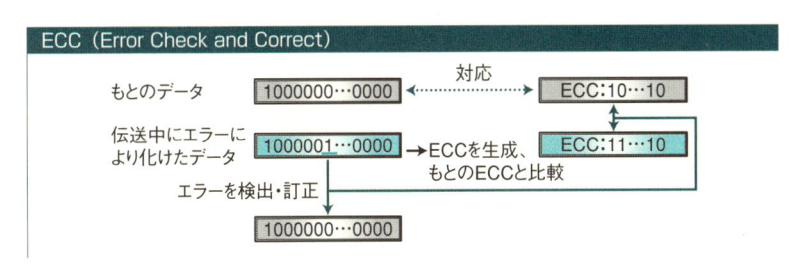

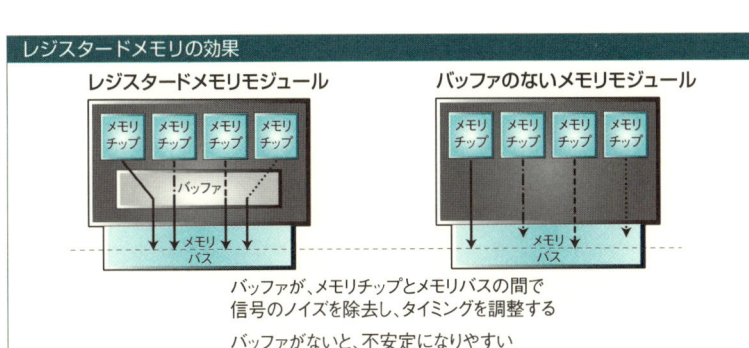

ECC（Error Check and Correct）

もとのデータ　1000000…0000　←対応→　ECC:10…10

伝送中にエラーにより化けたデータ　1000001…0000　→ECCを生成、もとのECCと比較　ECC:11…10

エラーを検出・訂正　1000000…0000

レジスタードメモリの効果

レジスタードメモリモジュール

メモリチップ｜メモリチップ｜メモリチップ｜メモリチップ
バッファ
メモリバス

バッファのないメモリモジュール

メモリチップ｜メモリチップ｜メモリチップ｜メモリチップ
メモリバス

バッファが、メモリチップとメモリバスの間で信号のノイズを除去し、タイミングを調整する

バッファがないと、不安定になりやすい

HDD

　CPUは、メインメモリとの間でプログラムやデータを出し入れします。しかし、メインメモリは電源を切るとその内容が消去されます。したがって、コンピュータを使おうと電源を入れるたびに、プログラムやデータを読み込ませる動作が必要になってきます。それらの読み込ませるための内容を、コンピュータの電源を切った後でも記録しておくために、コンピュータにはメインメモリ（主記憶）以外に記憶装置が必要になります。そのような装置のことを補助記憶装置あるいは外部記憶装置と呼びます。

　補助記憶装置として使用されるデバイスには、フロッピーディスクやMO、書き込み可能なCDやDVDなどさまざまなものがあります。その中でもサーバにとって、OSの起動に使用され、日常的にアクセスされるデータを格納するためのデバイスとして、最も重要な存在がハードディスクドライブ（Hard Disk Drive、以下HDD）です。

　HDDをコンピュータに接続するためのインタフェースにはIDE、Serial ATA、SCSI、Fibre Channelなどがあります。サーバの筐体にHDDを内蔵させるためのインタフェースとして、一般的に普及しているのはIDEとSCSIです。Serial ATAは今後、IDEに取って替わるであろう規格です。最近ようやく巷で見かけることが増えてきましたが、普及にはまだしばらく時間が必要でしょう。

　IDEとSCSIでは、私たちが使うパソコンのように過度に負担がかからない用途においては、性能・信頼性に大きな差はありません。したがって、一般的なパソコンには価格の安いIDEのHDDが標準的に使用されています。しかし、SCSIの方が仕組み的にCPU占有率が低い、高価な技術・パーツが使用されるなどの理由から、結果的に限界性能お

よび信頼性ではSCSIが一歩有利となります。また、拡張性の面でも、コントローラの数に対して搭載できるHDD数が多いこともあり、サーバにはSCSIのものが使用されることが多いようです。

とりわけDB用のサーバは、SCSIが一般的です。

現在HDD接続に使用される主なインタフェース

分類	規格名	1チャンネル当たり最大接続台数	転送方式	最大データ転送速度
IDE	Ultra ATA	2	パラレル	33MB/秒
IDE	Ultra ATA/66	2	パラレル	66MB/秒
IDE	Ultra ATA/100	2	パラレル	100MB/秒
IDE	Ultra ATA/133	2	パラレル	133MB/秒
Serial ATA	Ultra SATA/1500	1	シリアル	1.5Gbps(約190MB/秒)
SCSI	Ultra3 SCSI (Ultra160 SCSI)	15	パラレル	160MB/秒
SCSI	Ultra320 SCSI	15	パラレル	320MB/秒
Fibre Channel	Fibre Channel	125	シリアル	2.125Gbps(約265MB/秒)

コンピュータ内部でのIDE接続（HDDに限らない）

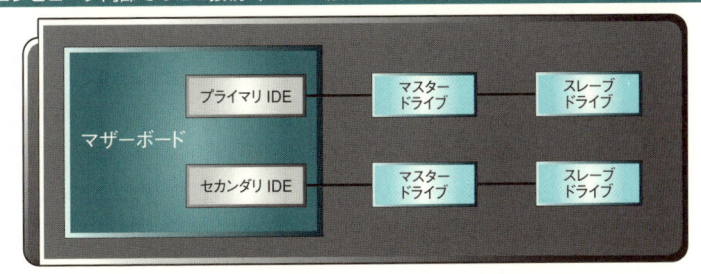

マザーボード — プライマリIDE — マスタードライブ — スレーブドライブ
マザーボード — セカンダリIDE — マスタードライブ — スレーブドライブ

SCSI接続（HDDに限らない、コンピュータ内部に限らない）

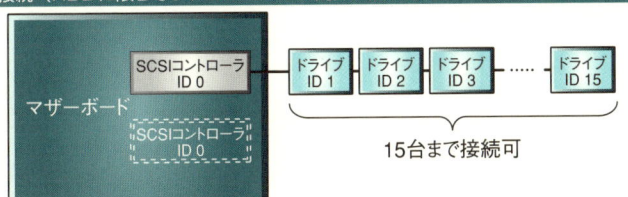

マザーボード — SCSIコントローラ ID 0 — ドライブID 1 — ドライブID 2 — ドライブID 3 — …… — ドライブID 15

15台まで接続可

SCSIコントローラ ID 0

コントローラを増設することで、さらに多くのドライブを接続可能

サーバのHDDに求められる要件とRAID

パソコンが故障したという場合、ソフトウェア的に（OSが）動かなくなったという場合も多くありますが、ハードウェア的な故障で最も多いのがHDDの故障です。

HDDはコンピュータの中で数少ない、稼動部分を持つパーツです。またその仕組みは、薄い円盤状の板（ディスク）が箱の中で毎分数千～1万数千回転という高速で回転するというもので、稼動部分を持つパーツの中で最も動作が激しいものです。そのため、コンピュータのパーツの中では比較的故障が多くなります。24時間365日の動作が要求されるサーバにおいては、この故障をどのように回避するかが重要な課題となります。また、多くのクライアントに対してサービスを提供する存在であるサーバには、大量のデータの格納が求められる場合が多々あります。とくにデータを格納すること自体が使命ともいえるファイルサーバでは、巨大なストレージ容量が必要になります。さらに、単体のHDDではシステムが要求する読み出し、書き込みの速度に応えられず、HDDの性能がシステムのパフォーマンスに対してボトルネックになる場合もあります。

これらの課題を解決し、ストレージの信頼性、容量、高速性を確保するための技術として、RAID（Redundant Arrays of Independent/Inexpensive Disks*）というものがあります。RAIDは、複数のHDDをまとめて1台のHDDとして扱う技術です。HDDの取り扱い方により、0～5までの6つのレベル（方式）があります。

なお、RAIDの制御方式にはソフトウェアで行う方式とハードウェアで行う方式があります。RAIDの制御にはそれなりの処理性能が必要になるので、サーバにおいては専用のコントローラを用いるハードウェア

サーバのHDDに求められる要件とRAID

RAIDが主流です。

HDD単体の性能（一般的な数値）

	回転数	データ転送速度(最大)	容量
IDE	7,200rpm～5,400rpm	60MB/秒前後	320GB～40GB
SCSI	15,000rpm～7,200rpm	70MB/秒前後	146GB～18GB

HDDの性能がボトルネックになるケース

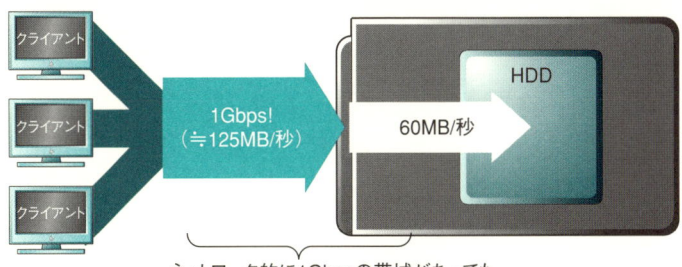

クライアント → 1Gbps!（≒125MB/秒） → HDD 60MB/秒

ネットワーク的に1Gbpsの帯域があっても、
HDDに60MB/秒しか書き込めないと、
ネットワーク性能が十分に発揮できない

RAIDの方式

RAIDレベル	仕組み	信頼性	高速性	容量
RAID0	ストライピング（データを分散させる）	××	◎	◎
RAID1	ミラーリング（データを2重化させる）	◎	×	×
RAID2	ハミングコードを使用するストライピング	実用化されていない		
RAID3	1台のディスクをパリティ専用とし、データはビット単位で分散させるストライピング	○	○	○
RAID4	1台のディスクをパリティ専用とし、データはブロック単位で分散させるストライピング	○	○	○
RAID5	パリティも分散させるストライピング	○	○	○

＊RAIDのIは、RAIDという言葉が生まれた時点では、安価なデバイスで冗長性のある構成をとる、という意味でInexpensiveが使用されていましたが、現在ではとくに高価で信頼性の高いデバイスというものがほとんど姿を消しているため、独立したデバイスという意味でIndependentが使用されることが多いようです。

RAIDの仕組み

RAIDは、内蔵・外付けいずれのHDDに対しても使用されます。内蔵で多く使用されるのはRAID1やRAID5、外付けで多く使用されるのはRAID5やRAID0＋1（RAID10）という方式です。

RAID1はミラーリングといって、2台のHDDに常に同じ内容を書き込むことで、一方が壊れてももう一方を使用してシステムの稼動を止めないようにすることができる仕組みです。最も信頼性が高い方式ですが、格納できるデータの量が少なく、コスト的には最も高くつきます。それほど大きな容量を必要としないサーバの内蔵HDDに使用されることが多い方式です。

RAID0はストライピングといって、1つのデータを複数のHDDにまたがって分散させて書き込むことで、読み書きを高速に行う仕組みです。使用する台数分（正確にはそこから制御のための処理時間を除いた分）だけ高速になり、かつ、台数分の容量を使用できます。ただ、1台のHDDが故障するとすべてのデータが失われるという致命的な欠点があります。RAIDとはもともとHDDを冗長化して信頼性を高めるための技術なので、逆に障害の確率がHDDの台数分だけ高くなるRAID0はRAIDではないとする立場もあります。

しかし、このRAID0もRAID1と組み合わせる（RAID0＋1）ことですばらしいシステムにすることができます。RAID0のHDD群をRAID1により2系統用意することで、高速性・大容量と信頼性を両立させることができます。

RAID5は信頼性・大容量・高速性のすべてをバランスよく高めることを指向した方式です。RAID0のように分散させて書き込みを行いますが、HDDの1台が故障した場合でも読み書きを続けられるようにす

るためのパリティというデータもあわせて分散させ、書き込む仕組みになっています。サーバ用途で最も普及している方式です。

ただし、RAID0と比べて書き込み性能があまりよくないRAID5の場合、DBサーバとして使用すると、I/Oのボトルネックになることがあります。DBサーバには、RAID10が理想です。

RAIDの仕組み

●RAID1:ミラーリング

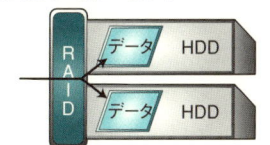

2台のHDDに同じデータを書き込む

○メリット
・1台が壊れてももう1台で読み書き可能
○デメリット
・ディスク容量が半分しか使えない

●RAID0:ストライピング

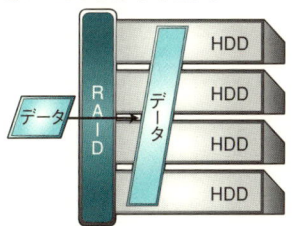

1つのデータを複数のHDDに分散させて書き込む

○メリット
・高速な読み書きが可能
・HDDの台数分の容量が使える
○デメリット
・HDDが1台でも故障するとデータがすべて使えなくなる

●RAID5:パリティも分散させるストライピング

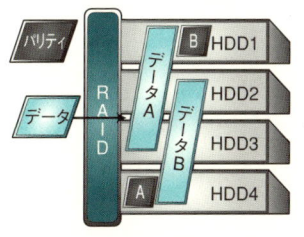

1つのデータを複数のHDDに分散させかつ、そのうち1台にはパリティを書き込む。パリティはブロックごとに分散させる

○メリット
・高速な読み書きが可能
・HDDの台数ー1台分の容量が使える
・HDD1台が壊れても読み書きできる

例
　HDD2が故障した場合、
　データAはHDD1、3のデータと4のパリティから、
　データBはHDD3、4のデータと1のパリティから、
　それぞれ復元できる

外付けHDDの接続方法

大容量かつ日々増加するデータを格納できる拡張性を持たせるために、サーバには外付けのRAIDディスクアレイが用いられることが多くあります。RAIDディスクアレイとサーバとの接続インタフェースにはSCSI、iSCSI、Fibre Channelなどが使用されます。

SCSIはコンピュータにデバイスを直接接続するためのインタフェースとして、広く普及している規格です。複数のRAID装置をサーバに接続することで、相当に大きなストレージをもつサーバを構築することができます。しかし、そのストレージを制御できるのは直接接続されたサーバのみです。1台のサーバが単位時間当たりに出し入れできるデータ量には限りがあるので、高速なストレージのパフォーマンスを遊ばせてしまうことになります。また、SCSIの特性として、接続できるディスクアレイの数もさほど多くはありません。

一方、iSCSIやFibre Channelといったインタフェースを用いると、ＳＣＳＩよりも格段に多くのディスクアレイとサーバとを、ＳＡＮ（Storage Area Network）というストレージ専用のネットワークにより接続することができます。SAN接続では、複数のディスクアレイを複数のサーバ（複数のシステム）で共有することが可能です。したがって、ディスクアレイの柔軟な増設が可能で、数多くのディスクアレイから構成される巨大なストレージのトータルパフォーマンスを最大限に発揮するシステムを構築できます。

iSCSIもFibre Channelも、ディスクの制御コマンド（ソフトウェア的な仕様）自体はSCSIと共通なのですが、そのコマンドをiSCSIはEthernet（IPネットワーク）、Fibre Channelは専用のインタフェースを通じて伝送する仕組みです。いずれもスイッチを使用したスター型

外付けHDDの接続方法

接続が可能で、とくにFibre Channelの場合は、スイッチファブリックというEthernetよりも高度で可用性の高い構成にすることが可能です。

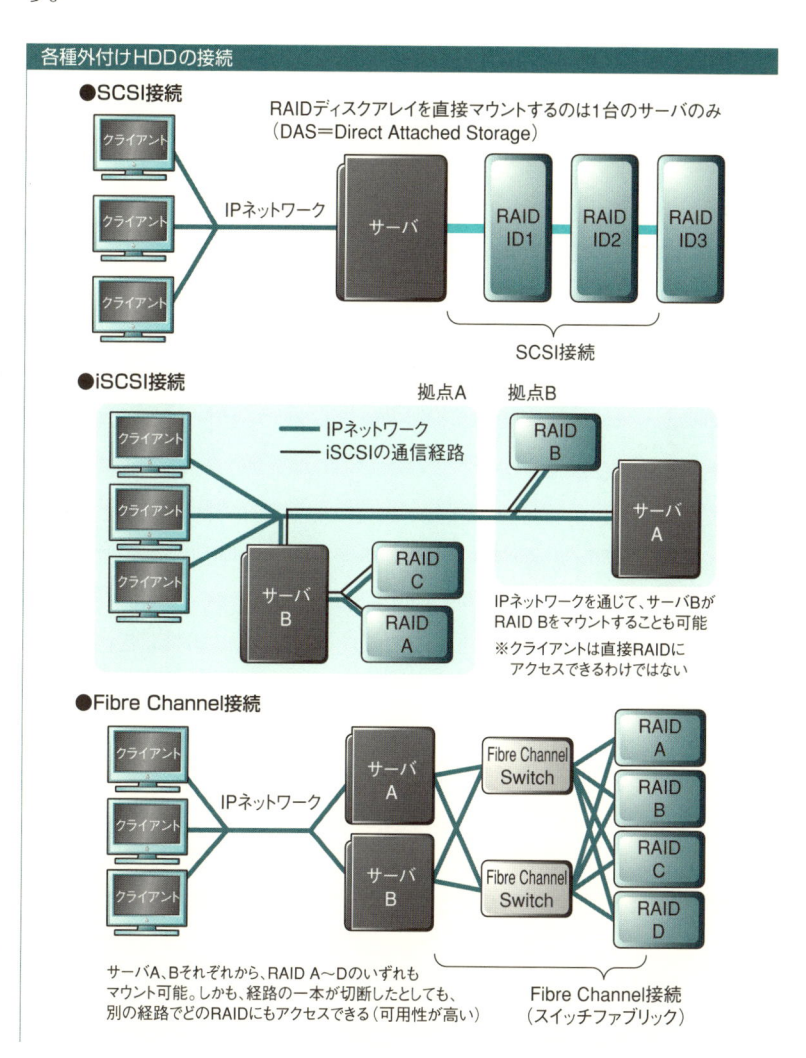

各種外付けHDDの接続

●SCSI接続

RAIDディスクアレイを直接マウントするのは1台のサーバのみ（DAS＝Direct Attached Storage）

クライアント — IPネットワーク — サーバ — RAID ID1 — RAID ID2 — RAID ID3

SCSI接続

●iSCSI接続

拠点A　拠点B

── IPネットワーク
── iSCSIの通信経路

クライアント／サーバB／RAID C／RAID A／サーバA／RAID B

IPネットワークを通じて、サーバBがRAID Bをマウントすることも可能

※クライアントは直接RAIDにアクセスできるわけではない

●Fibre Channel接続

クライアント — IPネットワーク — サーバA／サーバB — Fibre Channel Switch — RAID A／RAID B／RAID C／RAID D

サーバA、Bそれぞれから、RAID A～Dのいずれもマウント可能。しかも、経路の一本が切断したとしても、別の経路でどのRAIDにもアクセスできる（可用性が高い）

Fibre Channel接続（スイッチファブリック）

SAN？ NAS？

　NAS（Network Attached Storage）という言葉を聞いたことがあるでしょうか？　ネットワーク（LAN）に直接接続するだけで簡単に使えるストレージ、というように扱われます。そして、前節で紹介したSANとしばしば混同されがちです。混同される原因は、両者の名前にNetworkとStorageという単語がともに含まれているからかもしれません。しかし、この両者はシステムにおける位置づけが全く異なります。どのように異なるのかを考えるために、いくつかの視点で比較してみます。右の比較表を見てください。NASとSANの違いがハッキリすると思います。

　組織のシステムにNASあるいはSANを導入することの共通のメリットは、アプリケーションとしてのサーバとストレージとの分離、データの保管の一元化や安全性の強化などです。それらのメリットを、NASはサーバが、SANはストレージそのものが主体となってユーザに提供します。SANの場合はそれに加えて、サーバ1台1台についてはそのOS的な制約の範囲内でストレージそのものを柔軟に増設できる、データの移動がクライアントのネットワークに負担をかけない、さらに、組織全体として使用するストレージ容量を効率的かつ柔軟に拡張できるといったメリットがあります。

　ただ、SANを構築するために必要なFibre Channelスイッチなどの機器、ストレージを管理するためのソフトウェアに必要なコストは、低下してきているとはいえ高価です。また、SANを効果的に構築・利用するためのノウハウ、システムの設定・運用技術には非常に高度なものが要求されます。そういった意味で、SANは大規模なシステム向きの技術だといえるでしょう。

SAN? NAS?

NASとSANの比較（区別）

	NAS	SAN
モノとして何なのか?	サーバの一種 （ファイルサーバ）	サーバを構築するためのインフラ
ユーザ（人）との関係	ユーザにストレージを提供する、アプリケーション的な存在	ユーザにストレージを提供するために使用される、物理的な存在
システム内における機能	クライアントに対してファイルアクセスを提供する	コンピュータ（サーバ）に対してストレージデバイスを提供する
「共有」の意味	格納するファイルを複数のクライアントに共有させる	接続されるストレージデバイスを複数のコンピュータに共有させる
「Network」の意味	クライアントが直接通信を行うネットワーク	クライアントが直接通信を行わないネットワーク
「Storage」の意味	クライアントがアクセスする機能	サーバがアクセスするデバイス

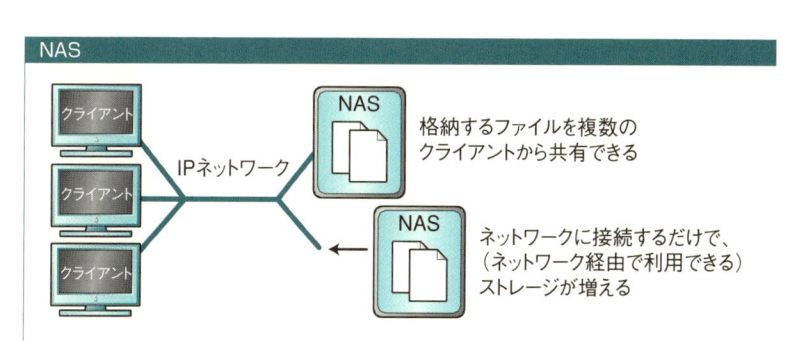

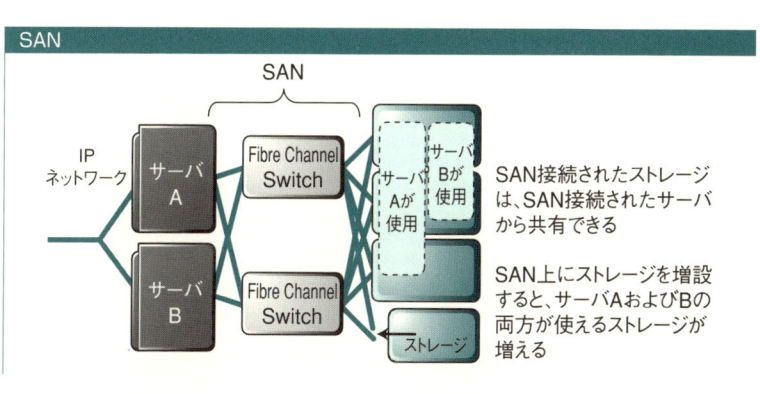

NAS

格納するファイルを複数のクライアントから共有できる

ネットワークに接続するだけで、（ネットワーク経由で利用できる）ストレージが増える

SAN

SAN接続されたストレージは、SAN接続されたサーバから共有できる

SAN上にストレージを増設すると、サーバAおよびBの両方が使えるストレージが増える

バックアップ

　みなさんは、自分のあるいは会社のコンピュータのデータのバックアップをとっていますか？

　サーバには、信頼性を高めるためにパソコンよりも高価な機材が使用されます。しかし、どんな機械も永遠に壊れないものではありません。そのためにシステムの2重化など可用性を高める技術が利用されます。しかし、システムを扱う人もまた、間違える生き物です。システムのオペレーションにおいて人為的なミスによりデータが消失するということもありえます。

　情報は企業にとっては重要な資産です。そして、その資産はシステムの中核をなすサーバに集中化する傾向にあります。管理は容易になるかもしれませんが、その反面、システムがハードウェア的に故障、あるいは事故や災害により、格納されるデータが一気に消失する危険性も高まっているといえます。

　そこで必要なのが故障、事故や災害から情報を守る行為、すなわちバックアップです。サーバのデータバックアップのためには、さまざまなメディアが使用されますが、中でも、運用に工夫は必要であるものの、全体、差分、増分と組み合わせて効果を上げることができるテープによるバックアップは広く普及しています。また、容量の確保が課題にはなりますが、使い方によっては結線の切換だけでシステムの運用継続が可能なHDDによるバックアップも非常に有効な方法といえるでしょう。

　ただ、メディアを何にするか以上に重要なのが、バックアップを確実に実施するということです。バックアップは地味な割にはコストがかかる、かなり煩雑な作業です。そのため、現実にはあまり重要視されない

かもしれません。しかし、いざというときにシステムを支えるのはバックアップです。実際にバックアップが必要な事態に直面しないと重要性がわからないかもしれません。しかし、保険をかけるようなものだと考えて確実に励行すべきです。

主なテープメディア

バックアップ容量	メディア	1巻当たり容量（非圧縮時）	転送速度（非圧縮時）	保管寿命	価格	信頼性
～100GB	DDS4	20GB	3MB/秒	10年	◎	
	VXA-1	33GB	6MB/秒	30年	○	○
	AIT	35GB	4MB/秒	30年		○
100GB～200GB	DLT	40GB	3MB/秒	30年		
	AIT-2	50GB	6MB/秒	30年		○
	VXA-2	80GB	12MB/秒	30年		○
200GB～	Super DLT	110GB	11MB/秒	30年		
	AIT-3	100GB	12MB/秒	30年		○
	LTO Ultrium	100GB	15MB/秒	30年		

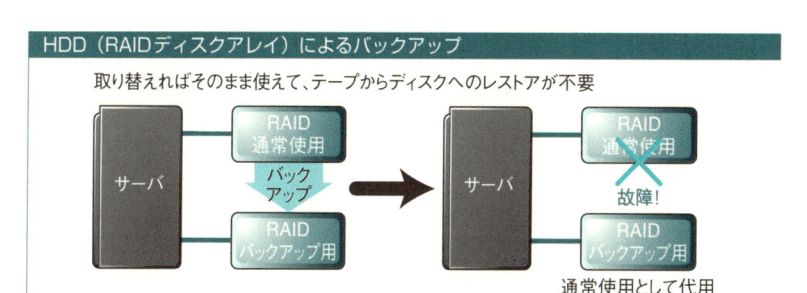

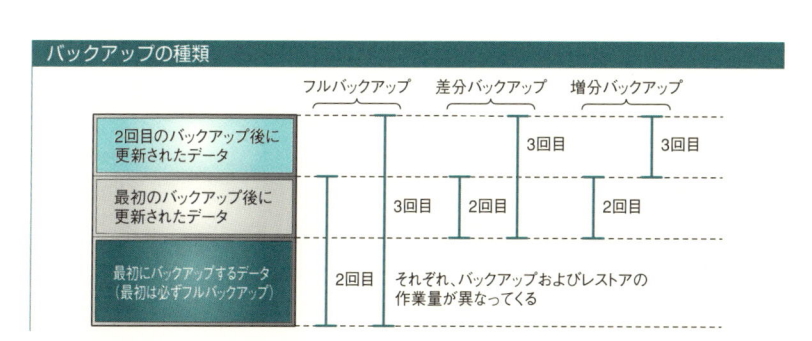

HDD（RAIDディスクアレイ）によるバックアップ

取り替えればそのまま使えて、テープからディスクへのレストアが不要

サーバ ― RAID 通常使用 ― バックアップ ― RAID バックアップ用 → サーバ ― RAID 通常使用 ― 故障！ ― RAID バックアップ用

通常使用として代用

バックアップの種類

	フルバックアップ	差分バックアップ	増分バックアップ
2回目のバックアップ後に更新されたデータ		3回目	3回目
最初のバックアップ後に更新されたデータ	3回目	2回目	2回目
最初にバックアップするデータ（最初は必ずフルバックアップ）	2回目		

それぞれ、バックアップおよびレストアの作業量が異なってくる

ディザスタリカバリ

バックアップにどのようなメディアを使用するかということ以上に重要なのが、バックアップしたデータをどこに置くかという課題です。故障、局地的な事故やテロのみならず、広範な自然災害などからも情報を守る必要があります。また、データを守るということだけではなく、システム全体を障害からどれだけ短時間で復旧させるかが、とくに24時間365日稼動のシステムにおいては重要です。このような災害時のシステム復旧のことをディザスタリカバリといいます。

ディザスタリカバリにおいては、バックアップ先を遠隔地にすることが有効です。最近は高速なインターネットアクセス回線が安価になってきていますし、VPN（Virtual Private Network）の普及により実現しやすくなってきています。バックアップをとった結果の大量のテープを遠くに輸送するのは大変ですが、リモートバックアップであれば、大量のデータでも高速、安全かつ比較的簡単に遠隔地に移すことができるといえます。

ただ、遠隔地へのリモートバックアップができるようになったとしても、そこまででは単にデータを保存しているだけに過ぎません。IT化が単にコンピュータを導入するということではないのと同じで、バックアップしたデータをもとに戻し、システムをリスタートさせることができて初めてディザスタリカバリは完成します。そういった意味でも、ディザスタリカバリにはオペレーション（の準備）の徹底が重要だといえるでしょう。システムが整ったら、予行演習をやってみることも必要です。ましてや、実際にリカバリを行うのは大変な事態になっているときなのです。

2001年9月にアメリカで起こった同時多発テロの際にも、ある金

ディザスタリカバリ

融機関ではリカバリ体制がしっかりしていたために、短時間で業務が再開できたという話もあります。これを極端な例とするかどうかは意見が分かれるところかもしれませんが、少なくとも、忘れた頃にやってくるディザスタに備えることは大切なことだといえるでしょう。

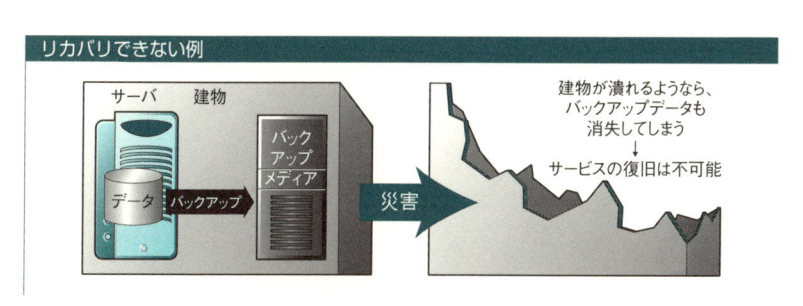

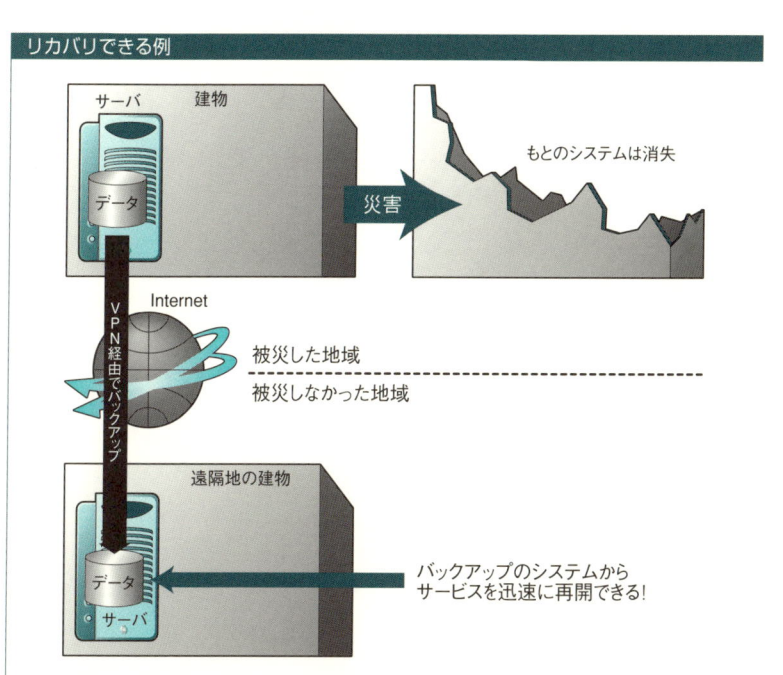

リカバリできない例

サーバ　建物
データ　バックアップ　バックアップメディア　災害

建物が潰れるようなら、
バックアップデータも
消失してしまう
サービスの復旧は不可能

リカバリできる例

サーバ　建物
データ　災害

もとのシステムは消失

Internet
VPN経由でバックアップ

被災した地域
被災しなかった地域

遠隔地の建物
データ　サーバ

バックアップのシステムから
サービスを迅速に再開できる!

その他のインタフェース

サーバのその他のインタフェースなどについて見てみましょう。

データへのアクセスが集中するサーバにおいては、そのネットワークI/O性能も重要です。したがって、高速なインタフェースが登場すると、サーバにはそれらがいち早く搭載されます。サーバでは、現在Gigabit Ethernet（以下GbE。通信速度が最大1Gbit/秒で、Fast Ethernetの10倍）が主流になりつつあります。このGbEは、搭載してあたりまえというメーカがあるほどパソコンへの搭載も広がっており、スイッチングハブも驚異的に低価格のものも出回るようになってきています。場合によっては、LANがすべてGbEで構成されている、というオフィスもあるかもしれません。

ハイエンド市場では、昨年規格が確定した10Gigabit Ethernet（10GbE）が登場しはじめています。現時点では、LANカードですら非常に高価で、まだ通信事業者のレベルで使用される段階です。しかし、これまでの新しい規格や製品がそうだったように、そう遠くない将来、サーバ市場を中心に普及するでしょう。

GbEカードやFibre Channelといった高速なインタフェースが接続され、高速なCPUとのやりとりが求められるサーバのマザーボードも、やはりパソコンレベルよりも高性能なものが使用されます。とくにパソコンで広く普及しているPCI（Peripheral Components Interconnect）インタフェースは、サーバではPCI-Xという広帯域の規格が使用されるようになっています。GbEの性能をフルに活用しようとすると、PCI-Xは必須ともいえます。PCI-Xの後継にはPCI Expressという、より高速な規格が控えています。

さらにその後は、コンピュータ内部あるいは外部の接続インタフェー

その他のインタフェース

スとして、HyperTransport（内部）やInfiniBand（外部）といった高速なインタフェースが登場しています。

ネットワークがボトルネックにならないようにするために

クライアントのネットワーク性能が上がれば、その分サーバのネットワーク性能もサービスのボトルネックにならないように上げる必要がある

PCIインタフェースとその他のインタフェース

●PCIインタフェース

	バス幅	動作周波数	最大データ転送速度
PCI	64bit	66MHz	533MB/秒
PCI-X 1.x	64bit	133MHz	1.06GB/秒
PCI-X 2.0	64bit	133MHz	4.2GB/秒

●その他のインタフェース

	概要	最大データ転送速度
PCI Express	チップセット間、現AGP、現PCIを置き換える見通し	2.5Gbps/秒・レーン
Hyper Transport	チップ間通信に使用される	6.4GB/秒
InfiniBand	主に外付けデバイスのインタフェースとして使用される見通し	2.5Gbps/秒・チャネル

電源、UPS

　みなさんは、自分のパソコンが停電で止まった、という経験はあるでしょうか？　意外と多くの方が経験しているのではないかと思います。ただ、UPS（Uninterruptible Power Supply：無停電電源装置）まで導入して停電に備えている方は少ないのではないかと思います。

　私たちが通常使うパソコンと異なり、サーバは24時間365日の稼動が必要なものです。少なくともインターネットに接続され、世界中にサービスを提供する必要がある、というのであれば、ちょっとやそっとの停電で停止しては困ります。そして、停電というのは起こらないようで起こるものです。建物の工事やメンテナンスなどのための計画停電であれば、サービス停止などのアナウンスにより事前から対処することは可能です。が、天候の影響による停電などは、急に発生するもので、対処のしようがありません。

　したがって、電源としてUPSを使用するのは、サーバにとっては必須といえるでしょう。無論、サーバ以外でサービスの提供に関係するネットワーク機器やストレージ装置も同じです。機器の消費電力、給電を要する時間の長さ（何分までの停電に対応すべきか）により、必要なUPSの電力容量を決めることになります。

　ところで、意外と盲点なのが電源ユニットの故障です。電源ユニットはコンピュータのパーツの中でも、故障が多い部分の上位に入ります。もともと大きな電流が通り負担が大きいパーツでもありますし、冷却ファンが故障して廃熱できないために故障するケースもあります。せっかくUPSを使用しても、コンピュータへの電気の入り口が壊れては元も子もありません。

　そこで、サーバとなるコンピュータの電源は冗長化されることが多く

電源、UPS

なっています。本体に電源ユニットが複数搭載され、それぞれ電源ケーブルを挿して電源をとります。こうすることで、1つの電源ユニットが故障しても、他の電源ユニットから内部に給電され、停止を避けることができます。

UPSが必要な機材

サービスの提供に関わるすべての機材にUPSからの給電が必要！

Internet　回線終端装置　ルータ　Firewall　サーバ　ストレージ

電源ケーブル

UPS

冗長化電源

電源ユニットのうち1つが故障しても、給電が可能

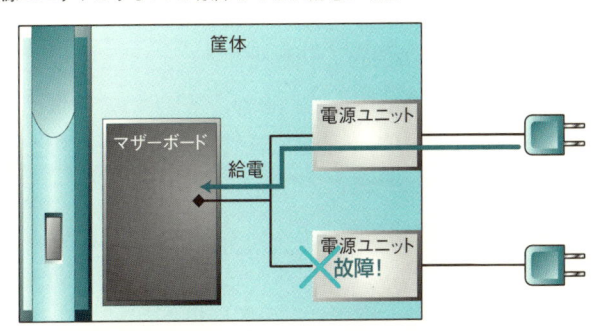

筐体

マザーボード　電源ユニット

給電

電源ユニット　故障！

アベイラビリティ向上のための仕組み

　サーバには、発生しうるさまざまなトラブルを回避あるいはトラブルから迅速(じんそく)に復旧させ、ダウンタイムを短くする＝可用性（アベイラビリティ）を高めるために、電源ユニットの多重化やRAIDによるHDDの冗長化などの策が講じられます。しかし、多重化だけではなく、それをさらに積極的に活用する手法として、ホットスワップやホットスタンバイといった技術が存在します。

　例えば、みなさんは自分のパソコンでUSB（Universal Serial Bus）接続の周辺機器を使ったことがあるでしょうか？　USB機器は、パソコン本体の電源を切らずに抜き差しすることができてとても便利です（ホットプラグ）。ホットスワップというのもこれに似たようなもので、コンピュータ本体の電源を切らずに、パーツを交換することができる仕組みのことを指します。多重化された電源ユニットやRAID構成のHDDなどはホットスワップ対応であることが一般的です。多重化されていても、故障したもの以外のパーツもまた壊れる可能性があるわけで、ホットスワップを活用して迅速に故障パーツを交換することは重要です。

　また、とくにRAID構成のHDDの場合は、交換用の予備HDDを装着しておき、故障時に自動的に予備HDDに切り替える仕組みが用意されています。このような仕組みをホットスタンバイと呼びます。これにより、多重化されたパーツの一部が故障し、障害に弱くなっている状態で運用される時間を短縮することが可能です（もちろん、故障HDDの迅速な交換自体は必要です）。

　このように、故障の可能性が高いパーツに関しては、パーツの多重化やホットスワップにより対障害性・可用性を高めることができます。し

アベイラビリティ向上のための仕組み

かし、低いとはいえ、マザーボード、CPUやメモリといったパーツが故障する可能性も0ではありません。そういった事態に対処するために、コンピュータ自体を多重化するクラスタリングといった技術も活用されるのがサーバの世界です。

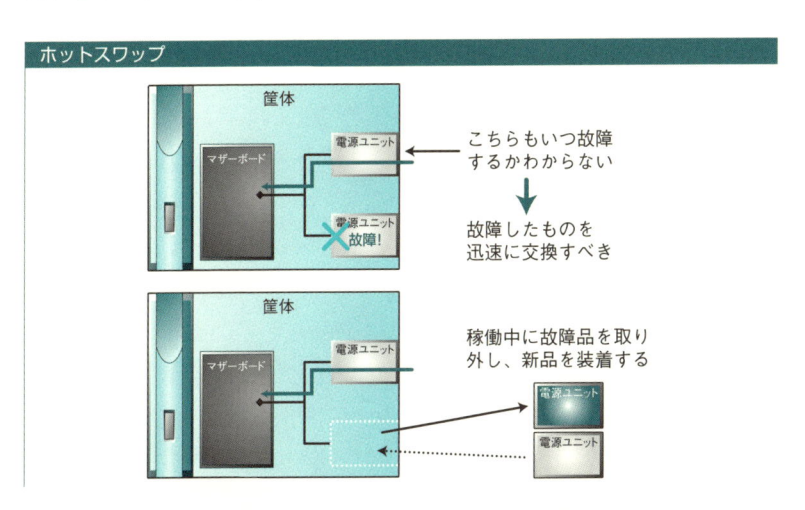

ホットスワップ

- こちらもいつ故障するかわからない
- 故障したものを迅速に交換すべき
- 稼働中に故障品を取り外し、新品を装着する

ホットスタンバイ

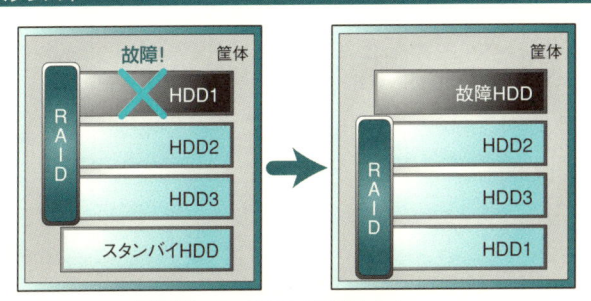

RAIDを構成しているHDDが故障すると、故障したHDDをRAID構成から切り離し、スタンバイHDDを故障したHDDの代わりとして、RAIDを再構成（リビルド）する（故障したHDDはホットスワップにて交換し、スタンバイHDDとして待機する）

クラスタリングの概要、フェイルオーバ型

クラスタリングという言葉を聞いたことがあるでしょうか？　一般的には複数のコンピュータをあたかも1台のコンピュータであるように構成し、対障害性やパフォーマンスを向上させることができる技術、というように説明されます。具体的な構成方法としては、フェイルオーバ型、負荷分散型、並列計算型の3種類のクラスタリングが存在します。これらは、それぞれを構成するためのソフトウェアが市販されており、それらをサーバにインストールして使用することで実現できます。

前節では対障害性を高める手法の一環としてクラスタリングに触れましたが、これは主にフェイルオーバ型を意味しています。フェイルオーバ型は、1台のノードが何らかの障害により停止した際に、別のノードがその代役を務める方式です。別のノードが処理を引き継ぎ、短時間のうちにユーザへのサービス提供を再開することができます。フェイルオーバ型の構成にあたっては、フェイルオーバ時のIPアドレスの引継ぎ、ノード間の設定やデータの同期、フェイルオーバの判断の方法などが課題となります。

クライアントはIPアドレスを頼りにサーバにアクセスします。クラスタリング構成のサーバそれぞれには固有のIPアドレスが割り当てられますが、通常使用するノードから別のノードに切り替わるとき、普通ではIPアドレスが変わってしまい、クライアントからアクセスできなくなる可能性があります。これを防ぐため、仮想IPアドレスを用意し、クライアントからのアクセスに使用します。フェイルオーバ時はこのアドレスを引き継ぐことで、引き続きサービスの提供を継続することができます。

ただ、フェイルオーバ型の構成の課題では、このIPアドレスに関す

ることよりも、設定やデータの同期をどうするか、どのような条件でフェイルオーバさせるか、といった課題のほうが重要で難しい問題です。

フェイルオーバ型クラスタリングの基本的な仕組み

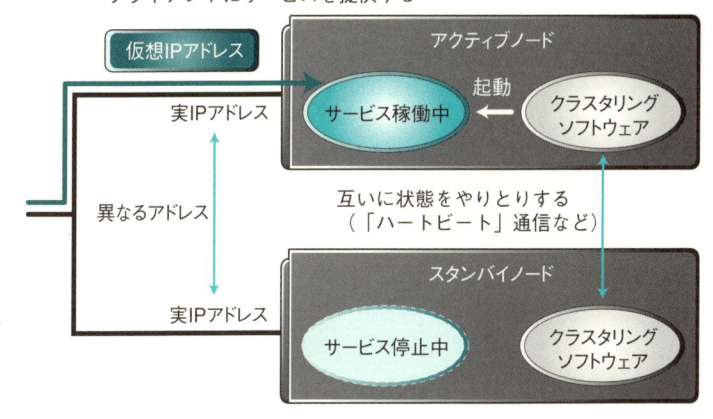

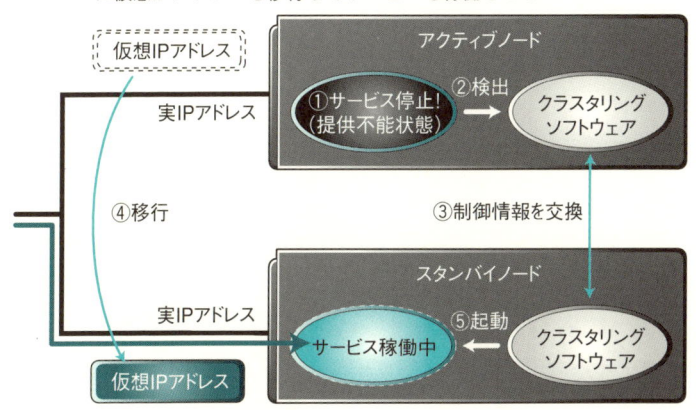

アクティブノードは、仮想IPアドレスを利用して
クライアントにサービスを提供する

```
仮想IPアドレス ──┐      アクティブノード
              │    ┌─────────────────────┐
              │    │              起動    │
   実IPアドレス─┼──→│ サービス稼働中 ← クラスタリング│
              │    │                ソフトウェア │
   異なるアドレス  │    └─────────────────────┘
              │         互いに状態をやりとりする
              │         (「ハートビート」通信など)
              │        ┌─────────────────────┐
              │        │    スタンバイノード    │
   実IPアドレス─┼──→│                      │
              │        │ サービス停止中  クラスタリング│
              │        │                ソフトウェア │
              │        └─────────────────────┘
```

サービス停止の検出とフェイルオーバの実行

アクティブノードでのサービス提供が不能な状態になったことを
クラスタリングソフトウェアが連携して検出し、スタンバイノード
に仮想IPアドレスを移行してサービスを稼働させる

```
┌┈┈┈┈┈┈┈┈┐           アクティブノード
┊仮想IPアドレス┊     ┌─────────────────────┐
└┈┈┈┈┈┈┈┈┘     │ ①サービス停止! ②検出        │
     │              │ (提供不能状態) → クラスタリング│
   実IPアドレス ─────│              ソフトウェア│
     │              └─────────────────────┘
     │④移行              ③制御情報を交換
     │              ┌─────────────────────┐
     │              │    スタンバイノード    │
     │   実IPアドレス─│              ⑤起動    │
     │              │ サービス稼働中 ← クラスタリング│
     │              │                ソフトウェア │
     ↓              └─────────────────────┘
[仮想IPアドレス]
```

フェイルオーバ型クラスタリングのポイント

フェイルオーバが発生して、サービスを提供するノードが切り替わったとき、サービスの内容が変わってしまっては意味がありません。このため、フェイルオーバ型では、サーバの設定や取り扱うデータが同じものになるように構成する必要があります。データの量や要求される同期の精度により、同期の方法が変わってきます。

データの更新の頻度が少なければ、更新時にデータを手動で同期させることで対処できます。しかし、データベースサーバを含めて頻繁に更新が発生する場合は、ストレージをサーバの外に置いて共有する構成が必要になります。

フェイルオーバ型の構成において最も注意しなければならないのが、スプリットブレインです。スプリットブレインとは、1つのサービスの提供において、複数のノードが競合してしまう状態のことです。とくにデータを外部のストレージに置いている場合、複数のノードが同時にそれをマウントして上書きしてしまうと、ファイルシステムが崩壊し、データが一気に失われてしまう可能性があります。せっかく信頼性を高めるためのクラスタリングであるのに、このような事態が発生しては意味がありません。そうした事態を避けるために、フェイルオーバ型の構成にあたっては、どのような条件でフェイルオーバを発生させるか、を検討することが極めて重要です。

その条件判断のために、フェイルオーバ型では相手のノードの動きをどのように監視するかがポイントとなります。一般的にはハートビートといって、相手のノードの生存をTCP/IP通信で確認する方法があります。しかし、実際にユーザにサービスが提供される過程には、単にサーバ間でのやりとりができるかどうか、といったポイント以外に、クラ

イアントのネットワークへ通信ができるかどうか、ストレージに読み書きができるか、といったさまざまなポイントを検討する必要があります。

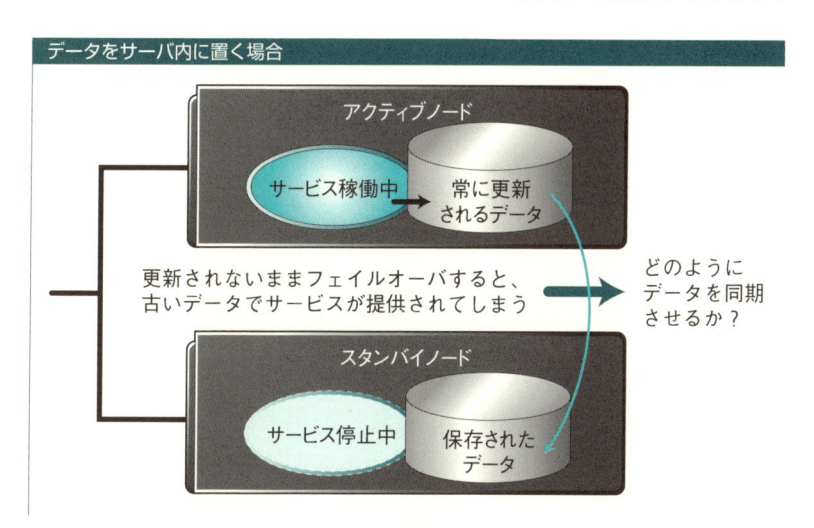

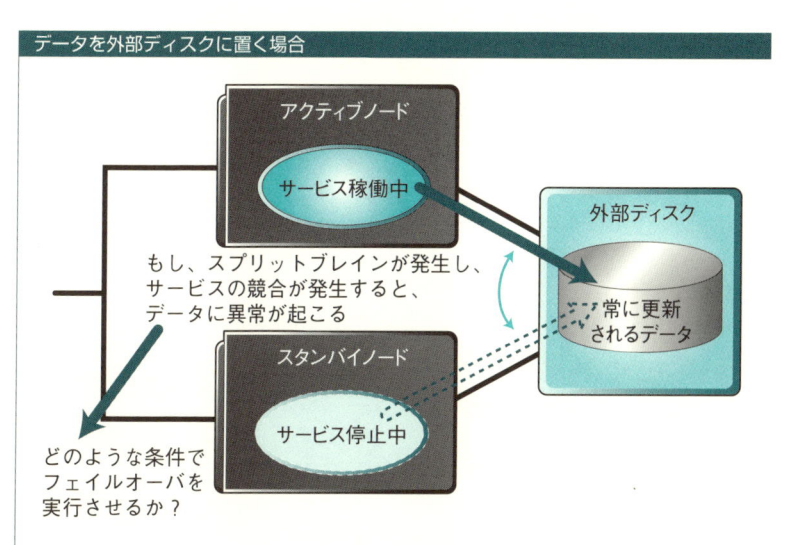

データをサーバ内に置く場合

アクティブノード
- サービス稼働中
- 常に更新されるデータ

更新されないままフェイルオーバすると、古いデータでサービスが提供されてしまう

→ どのようにデータを同期させるか？

スタンバイノード
- サービス停止中
- 保存されたデータ

データを外部ディスクに置く場合

アクティブノード
- サービス稼働中

外部ディスク
- 常に更新されるデータ

もし、スプリットブレインが発生し、サービスの競合が発生すると、データに異常が起こる

スタンバイノード
- サービス停止中

どのような条件でフェイルオーバを実行させるか？

負荷分散型クラスタリング

続いて、負荷分散型クラスタリングについて見てみましょう。例えば、非常に人気のあるWebサイトのWebサーバですが、アクセスが集中するとサーバの負担は大きくなり、ある限界を超えると一部のユーザからのリクエストに対しては応答できなくなり、それらのユーザにとっては、Webサイトがダウンしているように見えます。これは、場合によっては収益獲得の機会が減ってしまうことを意味します。さらに、ユーザは次に訪問する気をなくしてしまい、収益の減少は一時的なものに留まらない可能性もあります。

これに対して、同じ構成のWebサーバを複数台用意して、処理を分散させることで、個々のサーバにかかる負荷を軽減し、大量のアクセスに対してスムーズにサービスを提供させる手法が負荷分散型クラスタリングです。

負荷分散型の構成をとるためには、サーバの手前でアクセスを振り分けるようにする仕組みが必要になります。もっとも簡単なのはDNSラウンドロビンという方法です。DNSでは、同じ名前に対して複数のIPアドレスを対応させ、名前解決のリクエストのたびに異なるIPアドレスを回答させることができます。これによりクライアントがアクセスするWebサーバを分散させることができます。ただ、この方式では、どのサーバにどれだけアクセスが集中しているかが考慮されないので、運が悪ければ停止状態のサーバにアクセスしてしまい、サービスの提供が受けられないということにもなり得ます。

そこで本格的に負荷分散を行う場合、ロードバランシングという技術を使用することになります。一般的にはロードバランサという専用のコンピュータを使用します。これによって非常に優れた負荷分散が可能に

負荷分散型クラスタリング

なりますが、問題はこのコンピュータがダウンすると、ユーザからはWebサイト全体がダウンしているように見えてしまうので、フェイルオーバ型クラスタリングを併用するような形で構成する必要も出てくるかもしれません。

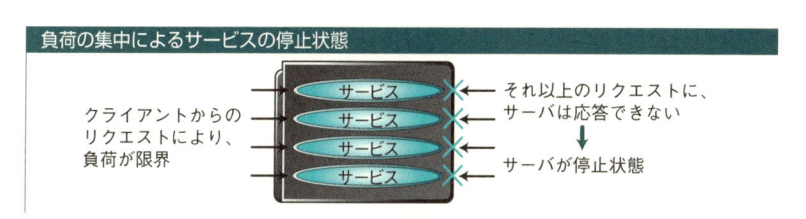

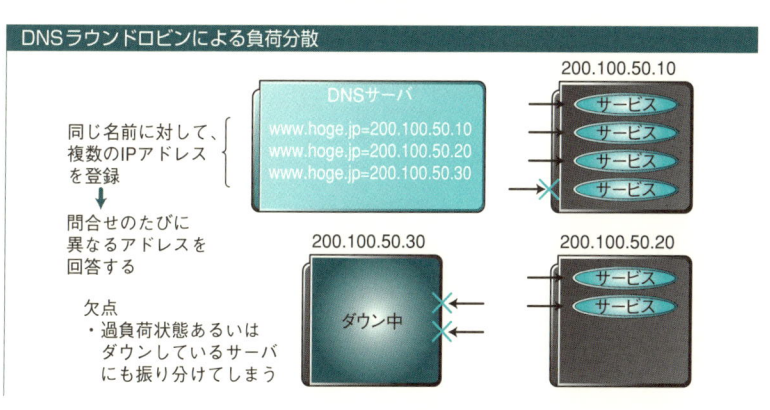

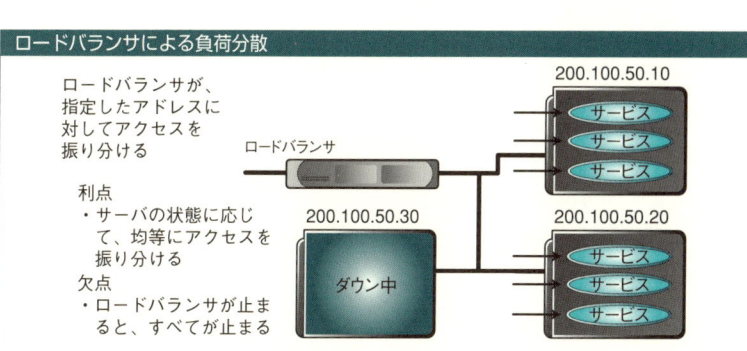

負荷の集中によるサービスの停止状態

クライアントからのリクエストにより、負荷が限界

それ以上のリクエストに、サーバは応答できない

サーバが停止状態

DNSラウンドロビンによる負荷分散

同じ名前に対して、複数のIPアドレスを登録

DNSサーバ
www.hoge.jp=200.100.50.10
www.hoge.jp=200.100.50.20
www.hoge.jp=200.100.50.30

問合せのたびに異なるアドレスを回答する

欠点
・過負荷状態あるいはダウンしているサーバにも振り分けてしまう

200.100.50.10
200.100.50.30 ダウン中
200.100.50.20

ロードバランサによる負荷分散

ロードバランサが、指定したアドレスに対してアクセスを振り分ける

利点
・サーバの状態に応じて、均等にアクセスを振り分ける

欠点
・ロードバランサが止まると、すべてが止まる

200.100.50.10
200.100.50.30 ダウン中
200.100.50.20

並列計算型クラスタリング

最後に、並列計算型クラスタリングについて見てみましょう。みなさんはスーパーコンピュータというものをご存知でしょうか？ 何やら高性能なコンピュータである、というイメージはあるかと思います。

バイオインフォマティクス、物質シミュレーション、構造解析、流体解析、気象予測などの高度な科学技術計算は、これまでスーパーコンピュータに任されてきた分野でした。スーパーコンピュータは高速計算のために専用に設計されたプロセッサやアーキテクチャを持つもので、開発が困難である割に市場は狭いため、非常に高価で、必要だと思っても簡単に購入できるものではありません。

しかし、現代は高度な科学技術計算がますます必要とされるようになっており、高性能なコンピュータ（巨大な計算力）をどのようにして確保するかが重要になってきました。そこで活用されるようになってきたのが、並列計算型クラスタリング技術です。

並列計算型クラスタリングでは、汎用型プロセッサを搭載するコンピュータを複数用意し、その計算力を大規模な計算の一部に使用します。大規模なひととおりの計算を、相互に接続される各コンピュータに振り分け、処理結果を集約することで最終的な解を得るようにします。こうすることで、時にはスーパーコンピュータに匹敵あるいはそれを超えるほどのコンピューティングパワーを得るのが、並列計算型クラスタリングの目的です。

ただし、この技術を効率的に活用するためには、ハードウェア的な構成をどうするかと同時に、どのように計算を効率的に分散させるかというソフトウェア的なノウハウも大変重要になってきます。

なお、最近ではこのような考え方を応用して、巨大な計算力を持っ

たクラスタのコンピューティングパワーを、ユーザに必要なときに必要なだけ提供するグリッドコンピューティングという技術も注目されています。

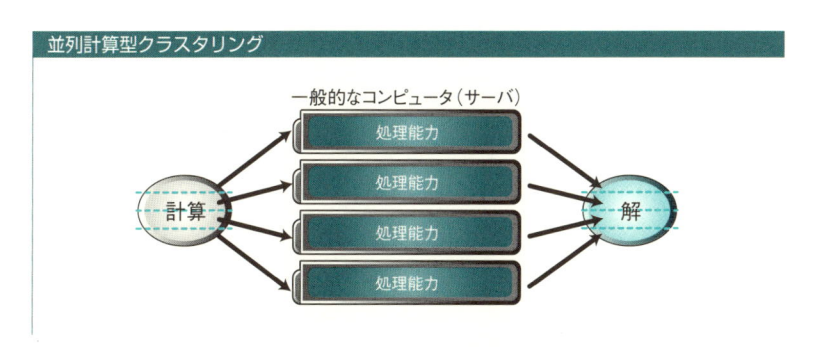

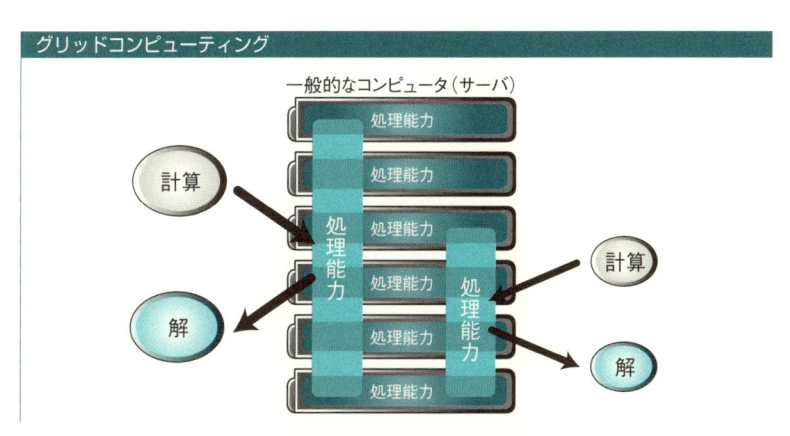

スーパーコンピュータ

計算 → スーパーコンピュータ 処理能力 → 解

並列計算型クラスタリング

一般的なコンピュータ（サーバ）

計算 → 処理能力 ×4 → 解

グリッドコンピューティング

一般的なコンピュータ（サーバ）

計算 → 処理能力 → 解

計算 → 処理能力 → 解

6

サーバ構築とセキュリティ

サーバのセキュリティは全体のセキュリティの一部

　よくニュースなどで「顧客情報が流出」という事件を見かけます。顧客情報を流出させた組織の信頼は失墜します。適切な情報公開と再発防止策の実施で、ある程度の信頼回復は可能かもしれませんが、時間がかかりますし、完全な回復は難しいと言わざるを得ないでしょう。

　一般に情報セキュリティというと、ファイアウォールや暗号化、認証といったコンピュータに関する技術面の要素に話が終始しがちです。しかし、機密情報流出の原因は何もコンピュータの不備だけではありません。組織内部の人間によるデータの持ち出し、ということもあり得るのです。そういった意味でも、情報セキュリティは、コンピュータ技術だけではなく、人的あるいは物的な要素も含むものであるといえます。つまり、情報セキュリティは組織全体での取組みにより、強固なものとなるのです。

　また、情報セキュリティはそれ自体が利益を生むわけではなく、費用対効果が見えにくいがゆえに軽視されがちです。しかし、情報を経営資源の１つと考えるならば、その保護の必要性は自ずと理解できるはずです。いわば、情報セキュリティは危機管理の一部です。組織全体の課題として、確保すべきものだといえるでしょう。

　ただ、サーバのセキュリティはセキュリティ全体の一部に過ぎないとはいえ、不特定多数のユーザにサービスを提供（不特定多数のユーザがアクセス）し、大量の情報が集中する通信の拠点となるものです。サーバにまつわるセキュリティ技術で守れるものはたくさんありますし、それらは守るべきものです。ここではそういった要素を中心に見ていきます。

サーバのセキュリティは全体のセキュリティの一部

機密情報の流出経路

ネットワークを通じた流出

Internet

機密情報

サーバ

組織

人を介しての流出

組織の情報セキュリティの要素

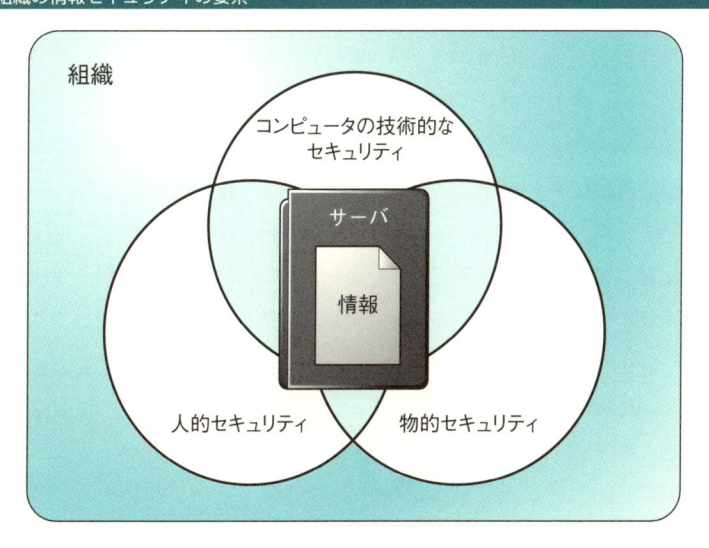

組織

コンピュータの技術的なセキュリティ

サーバ

情報

人的セキュリティ　　物的セキュリティ

情報セキュリティとはどういうことか?

　情報セキュリティにより守るべきものは、電子化されたデータです。ではデータは、具体的にどのような状態にあれば守られているといえるのでしょうか?

　これには、幸いにして1つの明快な方向性が示されています。組織の情報セキュリティに関する認証制度として最近注目されている『ISMS (Information Security Management System) 適合性評価制度の認証基準 (Ver.2.0)』が引用する規格JIS X 5080:2002 (情報技術－情報セキュリティマネジメントの実践のための規範)では、情報の機密性、完全性、可用性が維持されるべきものとされています。具体的には、アクセスを許された者以外に情報が漏洩しないこと(機密性)、情報およびその処理方法が正確かつ完全であること(完全性)、アクセスを許された者が必要なときに確実に情報にアクセスできること(可用性)を、システムの構築・運用において維持する必要があるわけです。

　システムにおいて取り扱われるデータについて、その機密性、完全性、可用性を維持するためには、システムのどこにデータが存在するか、どのように存在するのか、そしてそれらの機密性、完全性、可用性がどのような危険にさらされ得るのかを把握する必要があります。

　例えば、サーバを含めたコンピュータそのものの中に、データは保管されます。そして、クライアントからのアクセスにより、データはネットワーク上を流通します。また、フロッピーディスクや書き込み可能なCDやDVD、MOなどのメディアにデータは書き込まれ、コンピュータそのものやネットワークの外にも保管されます。

　では、これらのデータは、どのような危険にさらされ得るのでしょうか? 引き続き考えてみましょう。

情報セキュリティとはどういうことか？

情報がある場所

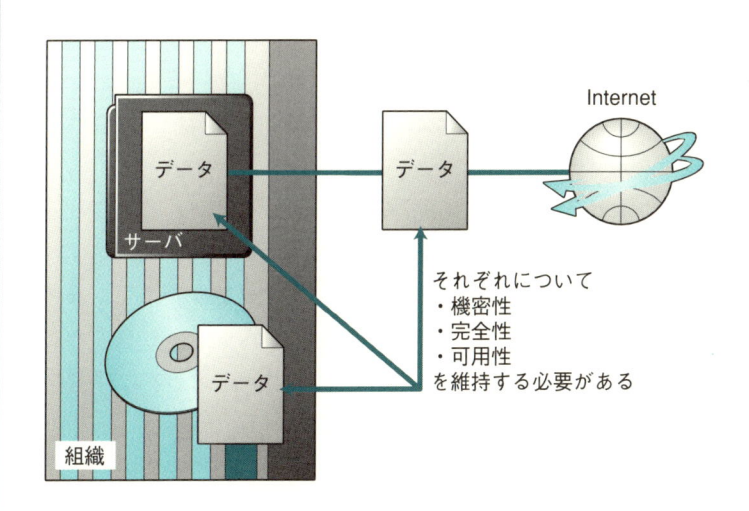

```
サーバ ─ データ ─ データ ─ Internet

データ（CD）

それぞれについて
・機密性
・完全性
・可用性
を維持する必要がある

組織
```

情報セキュリティの認証制度

ISMS 適合性評価制度の認証基準（Ver.2.0）

ベース
BS 7799-2:2002（Information security management systems -Specification with guidance for use）…英国規格

引用
- JIS X 5080:2002 情報技術―情報セキュリティマネジメントの実践のための規範
- JIS Q 9001:2000 品質マネジメントシステム―要求事項
- TR Q 0008:2003 リスクマネジメント―用語集―規格において使用するための指針

データはどのような危険にさらされ得るか？

右の表を見てください。縦軸に攻撃の方法、横軸にデータの場所をとり、それぞれのデータがどのような方法で攻撃を受ける危険性があるかを大まかにまとめてみました。

コンピュータ内部のデータは、ネットワーク経由の不正アクセスやウイルスなどによって、あらゆる被害を受ける可能性があることがわかります。ネットワーク上を流れるデータは、その経路上で盗聴、改ざんなどの被害に遭う可能性があります。外部メディアに書き込まれたデータは、当然ながら電子的な方法ではなく、人の手によって物理的に被害を受ける可能性があります。

これらの被害から、どのような手法を用いてデータを守るか、というのがセキュリティの確保です。そこで大切なのは、どのようなデータがどのような被害を受けたときに、組織に与えるダメージがどの程度かを考慮する、いわゆるリスク分析を行うことです。

前述しましたが、情報セキュリティ自体は利益を生むものではないためか、昔から軽視されがちなものです。しかし、このリスク分析をしっかりと行えば、自ずとセキュリティの重要性や確保すべき強度が見えてくるはずです。もし、重要なデータあるいはシステムそのものが悪意あるハッカーの攻撃により破壊されたら、どうなるでしょうか？　最悪の場合、業務の遂行が完全に不可能になったり、企業の倒産の原因にもなりかねないのです。

そうしたリスク分析の結果をもって、どのデータの機密性、完全性、可用性をどれだけの強度で保護すべきかを決定し、システムのどの部分にどのようなセキュリティ技術を用いるかを適切に決定することが、セキュリティの確保です。

データはどのような危険にさらされ得るか？

データがさらされ得る危険

	コンピュータ内部のデータ	ネットワークに流れるデータ	外部メディアに書き込まれたデータ
窃盗	・ネットワーク経由の不正アクセスで電子的に盗む ・コンピュータを物理的に盗む →機密性が侵される	・盗聴にほぼ同義 →機密性が侵される	・メディアを物理的に盗む →機密性が侵される
盗聴		・ネットワーク上を流れるデータを電子的に盗む →機密性が侵される	
改ざん	・ネットワーク経由の不正アクセスで電子的に改ざんする →完全性が侵される	・ネットワーク上を流れるデータを電子的に改ざんする →機密性が侵される	・メディアを物理的に盗んだ上で、人為的にデータを改ざんする →機密性が侵される
なりすまし	・ネットワーク経由の不正アクセス（サービスの不正な利用）で電子的に窃盗、改ざんする →機密性、完全性が侵される		・メディアを物理的に入手する →機密性、可用性が侵され完全性が侵される原因となる
否認	なりすましの結果として発生する		なりすましの結果として発生する
破壊	・ネットワーク経由の不正アクセスで電子的に破壊する ・コンピュータを物理的に破壊する →可用性が侵される		・メディアを物理的に破壊する →可用性が侵される
ウイルス ワーム トロイの木馬	・データの電子的な窃盗、改ざん、破壊の原因となる ・分散型使用不能（DDoS）の武器として悪用される →機密性、完全性、可用性が侵される原因となる		
使用不能攻撃 （DoS[*1]、DDoS[*2]）	・意図的に送られた過大なリクエストやデータにより、本来のサービスの提供を不可能な状態にする →可用性が侵される	・意図的に発生させられたデータのトラフィックにより、本来受け付けるべきアクセスを受け付け不可能な状態にする →可用性が侵される	

[*1] DoS:Denial of Service Attack（サービス妨害攻撃）
[*2] DDoS:Distributed Denial of Service Attack（分散型サービス妨害攻撃）

どこで守るか？

　前節では、システムがさらされ得る危険をいくつか挙げました。実は、それらはそれぞれ単独で脅威になるというよりは、むしろ複合的な危険として存在する場合が多いものです。なぜならば、システムというものは複数の要素が組み合わさって成り立つものであり、その要素1つ1つに何らかの危険性があるからです。

　例えば、不正アクセスやなりすまし、通信の盗聴といった危険からサーバ、あるいはネットワーク上のデータを保護する手法としては、主にファイアウォール、認証、暗号化といったセキュリティの手法が存在します。ファイアウォールは、ネットワークの仕組み的に不正アクセスそのものを防止する技術です。認証は、サービスを提供する相手を制御することで、不正アクセスそのものを防止する技術です。暗号化は、情報の漏洩そのものおよび不正アクセスの原因の発生を防止する技術です。

　正規の認証手続きを経て、サービスの利用をユーザに許可するようにすれば、その時点でのなりすましなどの不正なアクセスは防止できます。しかし、この認証手続きやサービス中の通信を盗聴された場合、通信内容が漏洩するだけではなく、パスワードを盗聴した人は本来のユーザになりすまし、サービスを利用することが可能になってしまいます。

　このように、システムにはいろいろなところにいくつもの危険が存在して、複合的にデータが危険にさらされます。また、それに対するセキュリティ技術もさまざまなものがあるので、どんな技術を使用するかを十分に検討しなければ、最終的に効果的なセキュリティを得ることができないものなのです。

　以降、ファイアウォール、認証、暗号化の3種類の手法を中心にセキュリティを確保するための要素を見ていきます。

どこで守るか？

危険は複合的なもの：例）盗聴となりすまし

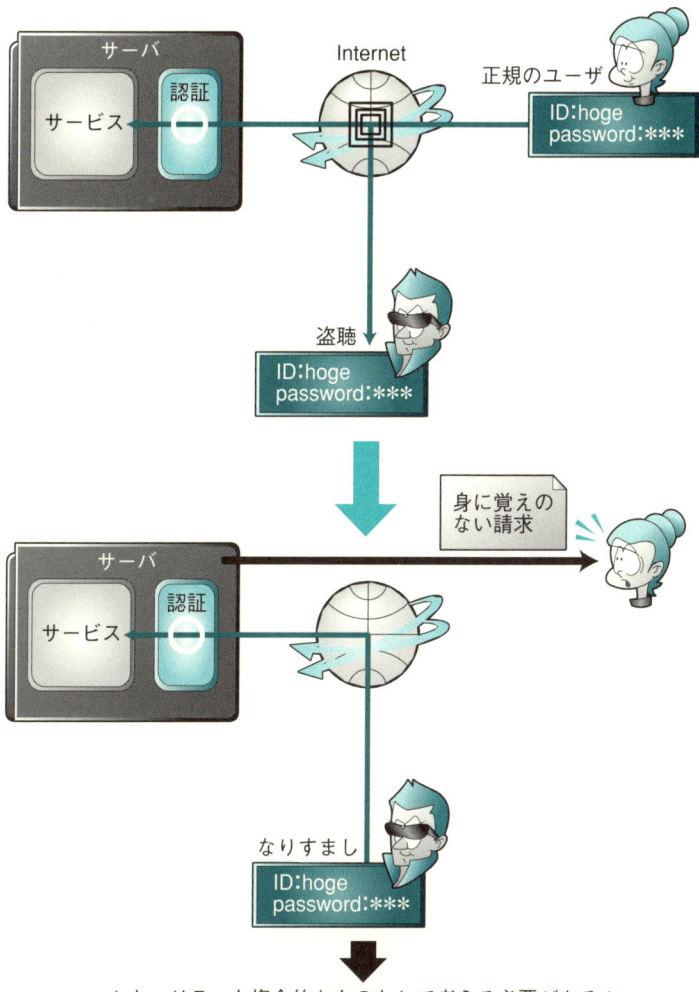

セキュリティも複合的なものとして考える必要がある！

ファイアウォール①パケットフィルタリング

　インターネットへのブロードバンド接続が普及し、パソコンをインターネットに常時接続することも珍しくなくなってきている現在、パーソナルユースのファイアウォールを自宅で使用している方もいることでしょう。そういった製品も含めて、市場にはファイアウォールと銘打ったソフトウェアやハードウェアがいろいろあります。それらは搭載している機能がさまざまに異なります。暗号化機能や認証機能、あるいはウイルスチェック機能などが一体となった製品も存在するため、ファイアウォールとは何かがあいまいになりがちです。

　一般的には、あるコンピュータネットワーク（以下LAN）に、外部のネットワークから侵入することを防ぐのがファイアウォールであるとされます。これを厳密に解釈すると、ネットワークの内外の境界を分け、内部から外部へのアクセスは許しても、外部から内部への侵入を防ぐというのがファイアウォールであるといえます。そのような機能を提供するのが、パケットフィルタリング、サーキットレベルゲートウェイ、アプリケーションゲートウェイという3種類の技術です。

　パケットフィルタリングとは、IPパケット（IPデータグラム）上の4つの情報（送信元IPアドレス/ポート、宛先IPアドレス/ポート）をもとに、そのパケットを通すか通さないかを設定されたルールに照らして判断する技術です。アドレスやポート以外の情報も分析し、通信に含まれるべきでないパケットを通さないようにするステートフルパケットインスペクションという技術も存在します。

　この技術により、外部のネットワークからLANへのアクセスを、Webやメールといった特定のサービスの利用のためにのみ許可することができます。

ファイアウォール①パケットフィルタリング

　非常にきめ細かいアクセス制御が可能ですが、反面、ネットワークの構成によっては設定が複雑になり、設定漏れが発生することも少なくありません。

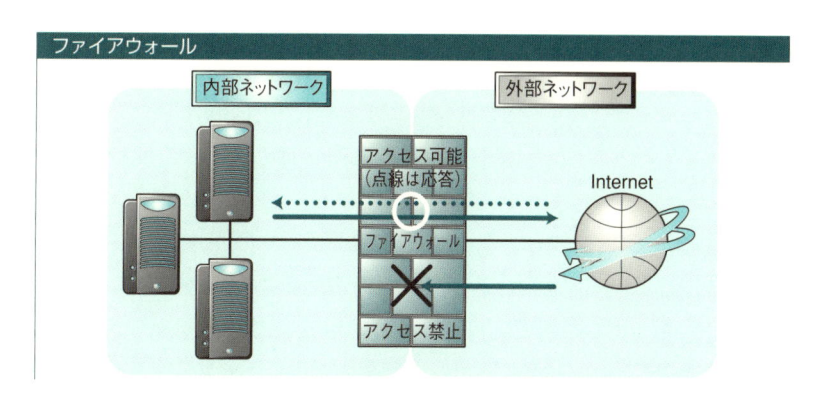

ファイアウォール

内部ネットワーク　外部ネットワーク

アクセス可能
(点線は応答)

ファイアウォール

アクセス禁止

Internet

パケットフィルタリング

フィルタのルールが
・23番ポートの通信はすべて拒否
・50.25.12.6からの通信はすべて拒否
・200.100.50.10：80宛の通信は許可
・それ以外の外部への通信は許可
・それ以外の内部への通信は拒否
となっている場合

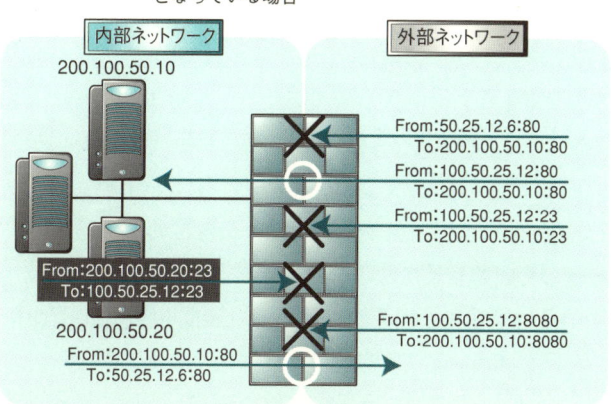

内部ネットワーク　外部ネットワーク

200.100.50.10

From:50.25.12.6:80
To:200.100.50.10:80
From:100.50.25.12:80
To:200.100.50.10:80
From:100.50.25.12:23
To:200.100.50.10:23

From:200.100.50.20:23
To:100.50.25.12:23

200.100.50.20

From:100.50.25.12:8080
To:200.100.50.10:8080

From:200.100.50.10:80
To:50.25.12.6:80

181

ファイアウォール②その他の技術とDMZの構築・活用

サーキットレベルゲートウェイとは、TCPによるコネクションを中継することで、LANと外部とが直接通信しないようにする仕組みです。パケットフィルタリングと比べて簡単な設定で使用可能ですが、クライアント側のプログラムを改造する必要も多いため、あまり使われません。

アプリケーションゲートウェイとは、HTTPやFTPなどアプリケーション層のプロトコルごとに専用のソフトウェアが接続を中継し、クライアントとサーバの直接の通信を行わないようにする仕組みです。やはり、パケットフィルタリングと比べて簡単な設定で使用可能ですが、プロトコルごとに専用のソフトウェアが必要であり、処理内容も複雑になるためハードウェアに高い負荷がかかります。プロキシとも呼ばれます（この処理を専門に行うサーバが、プロキシサーバです）。

実際のネットワークでは、パケットフィルタリングを含めた3種類のファイアウォール技術を必要に応じて組み合わせて使用することで、セキュリティを確保します。

しかし、単純にファイアウォールを使用している、というだけでは、許可された通信はLANに入ってくることになります。また、もしサーバのセキュリティホールをついた攻撃によりサーバが乗っ取られた場合、LAN上のコンピュータすべてに危害を加えられる可能性があります。

そこで、ファイアウォールを利用して、外部に公開するサーバをLANから切り離して設置するための専用の領域をネットワーク上に用意する手法が用いられます。その領域をDMZ（DeMilitarized Zone：非武装地帯）と呼びます。この手法を用いることで、万が一サーバが乗っ取られても、LAN上のコンピュータには攻撃をしかけにくくすることが

ファイアウォール②その他の技術とDMZの構築・活用

可能です。ファイアウォールを2段階に分ける方法、ファイアウォールのネットワークインタフェースを3つ使用する方法などがあります。

サーキットレベルゲートウェイ：トランスポート層で接続を中継する

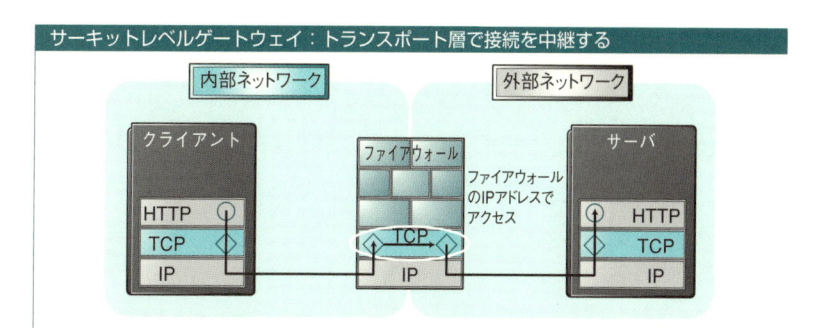

アプリケーションゲートウェイ：アプリケーション層で接続を中継する

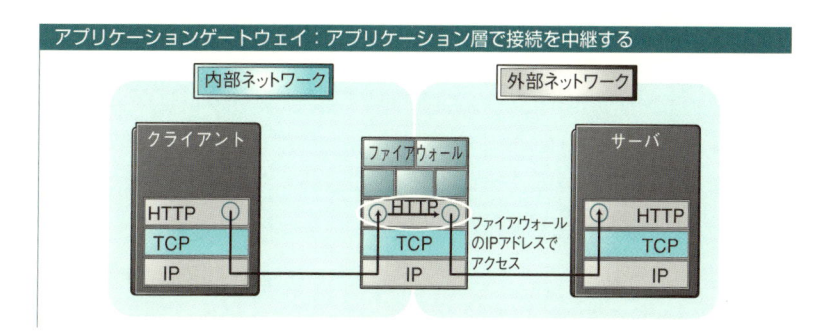

DMZの構築例

ファイアウォールにより、外部からはDMZまでしかアクセスできないようにし、DMZからもLANにはアクセスできないようにする

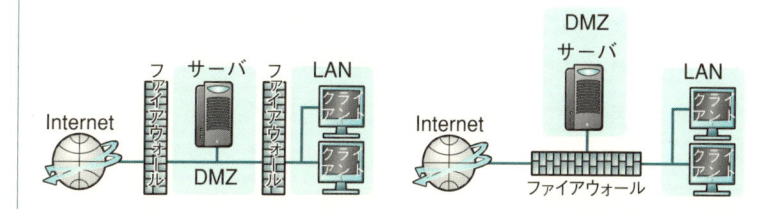

プライベートIPアドレスとNAT、IPマスカレード

　ファイアウォールによるアクセス制限をより効果的にする手法として、プライベートIPアドレスの活用があります。IPアドレスのうち、一部の数値の組合せによるアドレスは、プライベートIPアドレスとして定義され、どの組織でも自由に使用することができます。それ以外のアドレスをグローバルIPアドレスと呼びますが、これはインターネット上での重複が許されないため、自由に使うことができません。

　インターネット上で直接通信を行うためには、コンピュータにグローバルIPアドレスが割り当てられている必要があります。私たちが自宅でコンピュータをインターネットに接続するときは、プロバイダ (ISP) からこのグローバルIPアドレスが割り当てられています。しかし、プライベートIPアドレスが割り当てられているコンピュータは、物理的に直接インターネットに接続しても、インターネット上のコンピュータとはいずれの方向でも通信できません。

　この特性を利用して、LANをプライベートIPアドレスで構成することで、外部からのアクセスを完全に断つことができます。しかし、LANから外部には通信できるようにする必要があります。そこで、ゲートウェイに置かれるファイアウォールにおいて、NAT (Network Address Translation：ネットワークアドレス変換) あるいはIPマスカレードといった技術を使用します。

　これらの技術を利用することで、外部からLAN上のコンピュータへアクセスしようとしても、ファイアウォールの内側の様子は全く見えないのでアクセスすることはできず、なおかつLAN上のコンピュータから外部には通信が可能、という状態をつくり出すことができます。

　私たちが自宅で使用しているブロードバンドルータにもこれらの機能

プライベートIPアドレスとNAT、IPマスカレード

は搭載されています。あらかじめ有効になっていることが多いようですが、一応確認してみるとよいでしょう。

プライベートIPアドレスとグローバルIPアドレス

プライベートネットワーク

プライベートIPアドレス
10.0.0.0～10.255.255.255
172.16.0.0～172.31.255.255
192.168.0.0～192.168.255.255

グローバルネットワーク

10.0.0.0～10.255.255.255
172.16.0.0～172.31.255.255
192.168.0.0～192.168.255.255
以外のIPアドレス
＝グローバルアドレス

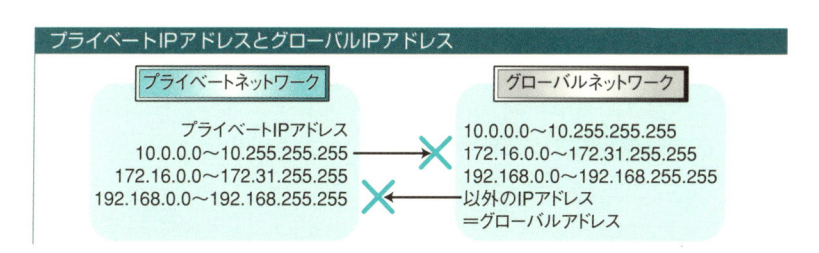

NATとIPマスカレード

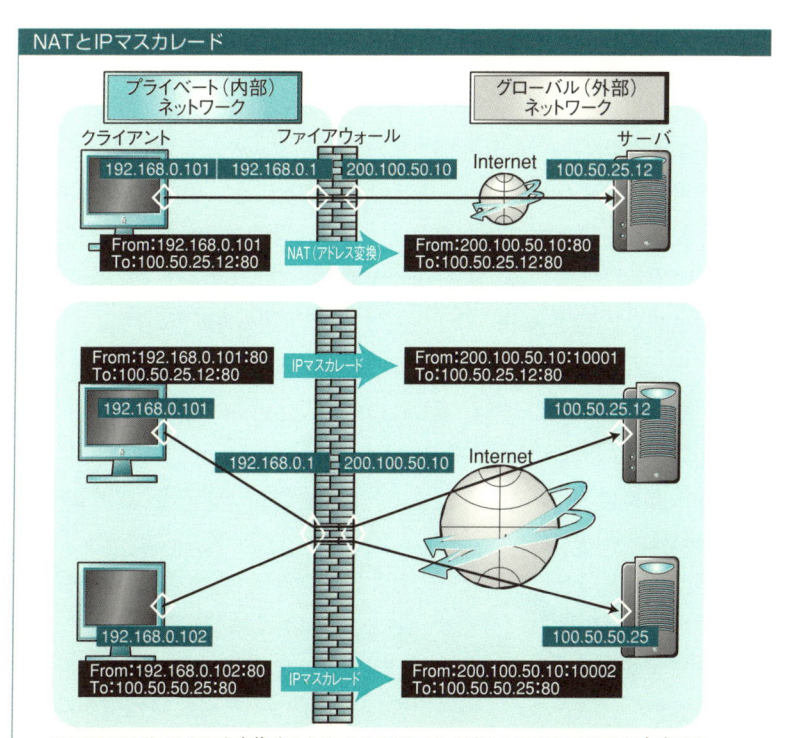

プライベート（内部）ネットワーク　　　　**グローバル（外部）ネットワーク**

クライアント　　　　ファイアウォール　　　　　　　　　　　　サーバ
192.168.0.101　192.168.0.1　200.100.50.10　Internet　100.50.25.12

From:192.168.0.101　NAT(アドレス変換)　From:200.100.50.10:80
To:100.50.25.12:80　　　　　　　　　　　　To:100.50.25.12:80

From:192.168.0.101:80　IPマスカレード　From:200.100.50.10:10001
To:100.50.25.12:80　　　　　　　　　　　　To:100.50.25.12:80

192.168.0.101　　　　　　　　　　　　　　　　　　　　100.50.25.12

192.168.0.1　200.100.50.10　Internet

192.168.0.102　　　　　　　　　　　　　　　　　　　　100.50.50.25

From:192.168.0.102:80　IPマスカレード　From:200.100.50.10:10002
To:100.50.50.25:80　　　　　　　　　　　　To:100.50.50.25:80

NATはIPアドレスのみを変換するため、1つのIPアドレスを1つのクライアントが占有する。IPマスカレードはポート番号も変換するため、1つのIPアドレスを複数のクライアントで共有でき、グローバルIPアドレスを有効に活用することができる

暗号化通信の基本と課題

　ファイアウォールを効果的に利用すれば、サーバを含めたLAN上のコンピュータを余計なアクセスから守ることができます。しかし、許可された通信は行われているわけですから、その通信内容は通信経路のどこかで盗聴される恐れが常につきまといます。とくに、インターネット経由で会社のファイルサーバ内に格納されている情報を閲覧するような場合、その内容が第三者に盗聴されては、とても困ります。

　このような場合に、通信内容を第三者に悟られないようにするセキュリティ技術が暗号化です。暗号化とは、一定の規則に従い通信内容をもととは異なる文字列や値に変換することです。その変換規則のことを暗号化アルゴリズムと呼び、アルゴリズムごとに形式の異なる暗号鍵を使用します。暗号化された内容は、やはり暗号鍵を使用することでもとの内容に戻す（復号する）ことができます。こうすることで、第三者が暗号化された内容を盗聴したとしても、この暗号鍵の内容を知らない限り、もとの内容を知ることは非常に困難なものとなります。

　暗号鍵の使い方で、暗号化の方式が異なります。暗号化と復号で同じ暗号鍵を使用する方式を共通鍵暗号、異なるセットの鍵を使用する方式を公開鍵暗号と呼びます。公開鍵暗号では、公開鍵と秘密鍵がセットであり、一方の鍵で暗号化した内容は、もう一方の鍵でしか復号できないという性質を持たせたものです。共通鍵暗号は通信相手とあらかじめ鍵を共有しなければならず、どのようにして安全に受け渡すかが課題となりますが、公開鍵暗号の場合は公開鍵をネットワーク経由で渡したとしても、秘密鍵さえ厳重に保管しておけば、相手との間で安全性の高い通信を行うことができます。

　しかし、暗号化技術では、通信相手のなりすましを防ぐことはできま

暗号化通信の基本と課題

せん。通信相手が誰かを確認する認証と組み合せることで、暗号化は効果的な技術となります。

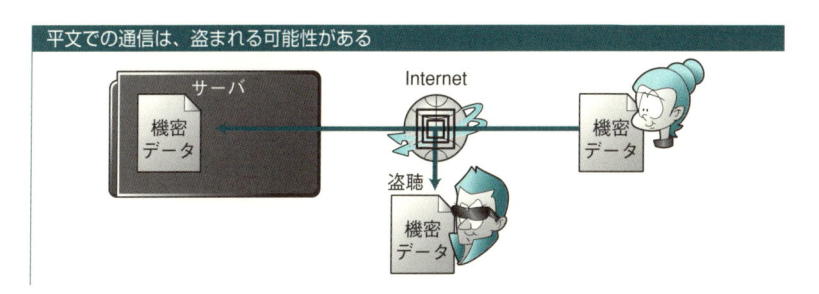

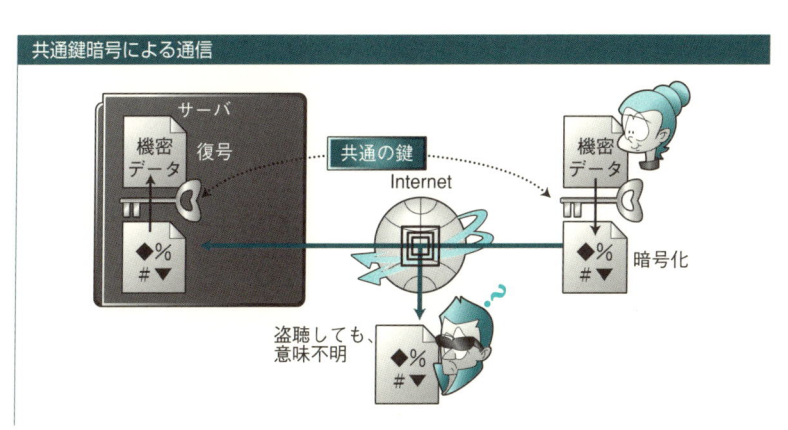

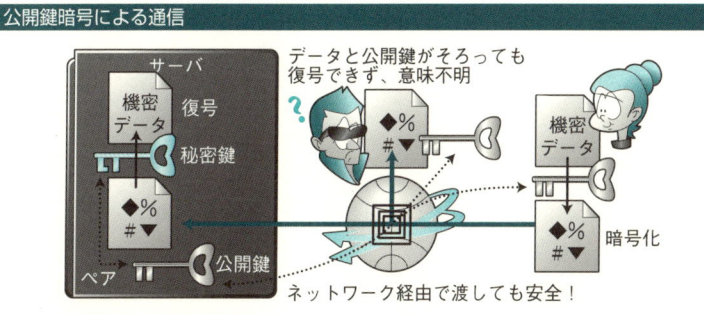

平文での通信は、盗まれる可能性がある

共通鍵暗号による通信

公開鍵暗号による通信

認証の基本と課題

ファイアウォールと暗号化通信により、ネットワークへの余計なアクセスや、データの盗聴から、コンピュータあるいはその中の情報を守ることができます。今度は、誰がサービスにアクセスするのかを制御する認証の仕組みの基本について見てみましょう。

みなさんも電子メールをやりとりしようとしたり、会員制のECサイトでショッピングをしたりするときに、自分は誰であるかということをコンピュータに識別させるためのID(ユーザ名、アカウント名)と、そのIDを使おうとしているのがIDの持ち主本人であるかどうかを確認するためのパスワードを入力して、サービスを使用していると思います。

このようにしてサービスの正規の利用権限をもつことを検証する作業を、認証と呼びます。サービスの利用に認証による制限をかけるのは、人的な意味でのセキュリティの基本です。また、IDとパスワードの組合せによる認証は最も初歩的で、一般的に普及している仕組みです。

しかし、この仕組みにおいてサーバがどのようにふるまうかを見てみると、送られてきたIDとパスワードとの組合せがサーバ自身に登録してある組合せと一致しているかどうかを確認するだけで、送ってきた人の身分証明書を確認しているわけではありません。もし、そのIDとパスワードを送ってきているのがそのIDの本来の持ち主以外だったらどうでしょうか? サーバは、その送り主にサービスへのアクセスを許可してしまいます。

このような事態をどのようにして防ぐかが、情報システムのセキュリティにおける最大の課題の1つとなっており、現在ではさまざまな認証方法が考案され、あるいは研究されています。

認証の基本と課題

IDとパスワードによる認証

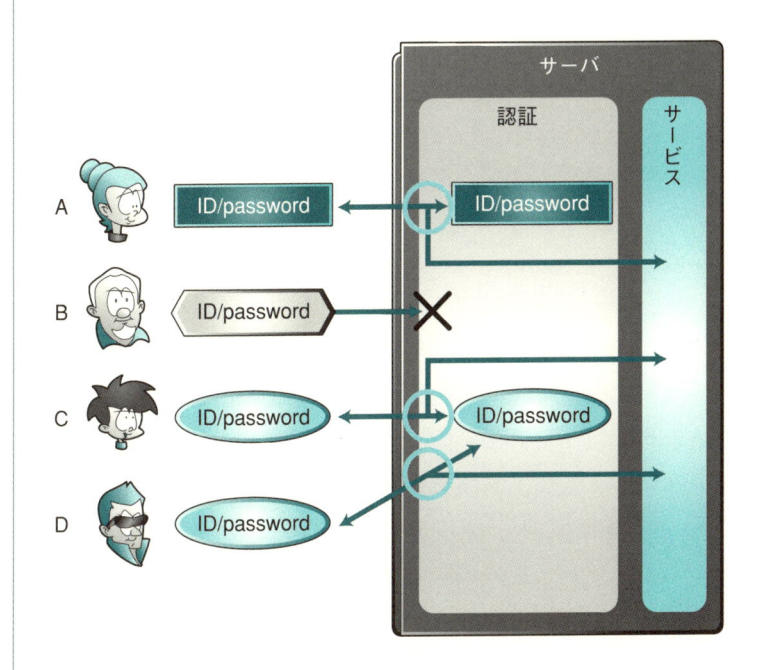

AとCは正規ユーザ。ID/passwordの組合せが正しいため、問題なくサービスを利用できる

Bはユーザとして登録されていない。認証がとれず、サービスを利用することはできない

DはCのID/passwordの組合せを何らかの方法で知った者。契約上サービスの正規のユーザでなくとも、サーバはCがアクセスしてきたときと区別ができない。したがって、<u>正規のユーザとみなされサービスを利用できてしまう</u>

これをどのようにして防ぐかが、情報セキュリティの最大の課題の1つ

第三者の証明に基づく認証の仕組み、PKI

　私たちが実社会で運転免許証などを身分証明書として使用するのと同じように、インターネットにおいても自分の身分が証明できたり、あるいは通信相手が誰であるかを身分証明書により確認できたりすると、非常に便利です。暗号化通信と組み合わせることで、相手を特定してのセキュアな通信が可能になります。

　免許証もそうですが、身分証明書は第三者により発行され、管理されるべきものです。そうすることで、その第三者の信頼性の範囲において、通信相手が誰であるかを確認し信頼することができます。

　インターネットにおけるこのような認証の仕組みが、PKI（Public Key Infrastructure：公開鍵基盤）です。PKIは、公開鍵暗号通信、認証局、そして認証局が発行する身分証明書である電子証明書の組合せにより、なりすましを防止しつつセキュアな通信を行うための枠組みをユーザに提供します。

　電子証明書は、認証局に申請して発行を受けます。まずはコンピュータ上で秘密鍵と公開鍵のペアを生成します。次に、生成した公開鍵をCSR（Certificate Signing Request：証明書要求ファイル）という形にして、同じく生成した秘密鍵により暗号化した電子署名とともに認証局に送ります。同時に申請者自身に関する公式の情報を認証局に送ります。申請を受けた認証局は、申請者が確かに存在するかどうかなどを確認します。正しく確認が取れれば、認証局は受け取った公開鍵を付した電子証明書を、申請した組織に送ります。

　こうして発行された電子証明書をコンピュータにインストールすることで、そのコンピュータが、第三者によりその身分を証明された者が使用するコンピュータであることを通信相手に証明することができます。

第三者の証明に基づく認証の仕組み、PKI

　電子証明書による認証は、SSL通信時のサーバの証明に広く使用されています。クライアントの認証も技術的には可能なのですが、普及はまだこれからのようです。

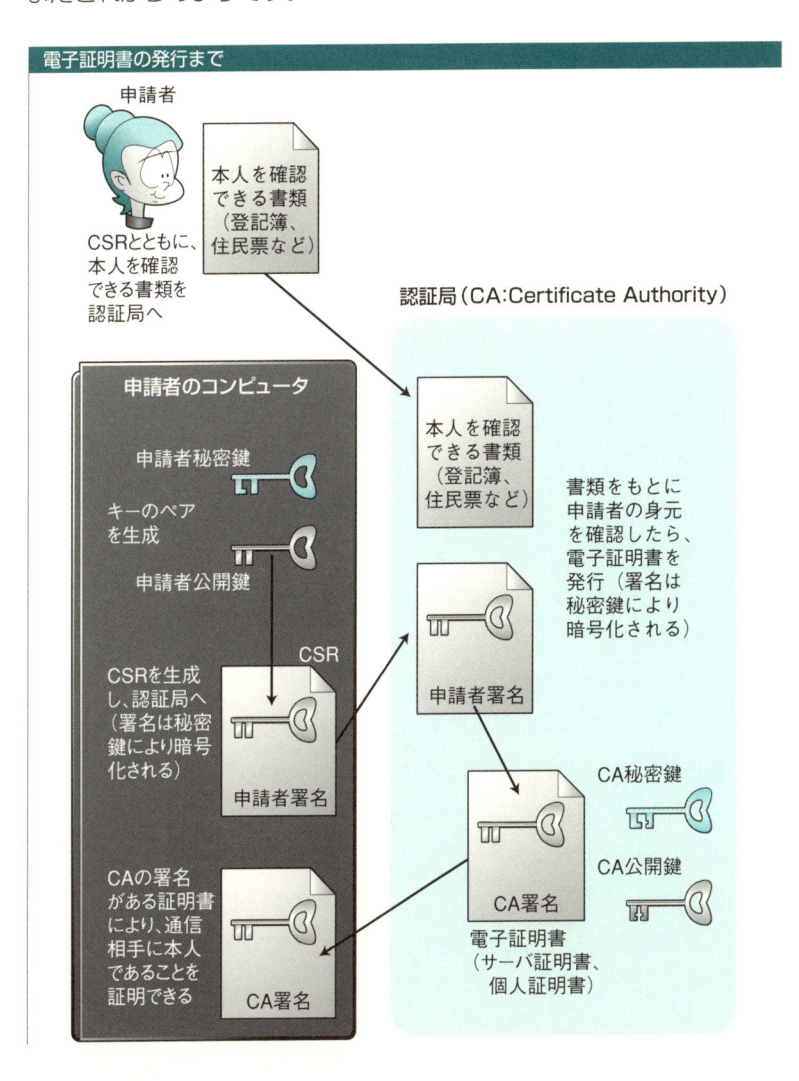

電子証明書の発行まで

申請者

CSRとともに、本人を確認できる書類を認証局へ

本人を確認できる書類（登記簿、住民票など）

認証局（CA:Certificate Authority）

本人を確認できる書類（登記簿、住民票など）

書類をもとに申請者の身元を確認したら、電子証明書を発行（署名は秘密鍵により暗号化される）

申請者のコンピュータ

申請者秘密鍵

キーのペアを生成

申請者公開鍵

CSRを生成し、認証局へ（署名は秘密鍵により暗号化される）

CSR
申請者署名

申請者署名

CA秘密鍵

CA公開鍵

CA署名

電子証明書（サーバ証明書、個人証明書）

CAの署名がある証明書により、通信相手に本人であることを証明できる

CA署名

PKIの活用例：SSL通信におけるサーバの認証

　私たちがECサイトなどでショッピングをするときは、個人情報を入力したり、クレジットカードを使用して決済を行ったりします。このような場合、アクセスしているサーバが本当に信頼できる相手が運用するサーバでなければなりません。もし、別の組織が偽装しているサーバだったりすると、個人情報が盗まれるだけでなく、詐欺にあったような状態になってしまい、本来のサーバを運用する組織も被害を被ることになります。

　そこで、そのようなサイトのWebサーバは、認証局より発行された電子証明書を保有し、アクセスしてくるユーザに対して提示し、公開鍵暗号を利用してデータをやりとりすることが一般的です。WebブラウザとWebサーバとの間の通信を暗号化する仕組みとしては、SSL（Secure Sockets Layer）というプロトコルに基づく方式が一般的です。みなさんもWebブラウザを使用していて個人情報を入力するような場面で、Webブラウザの端のほうに鍵がかかったようなマークが表示されているのを見たことがあるのではないでしょうか。それが、SSLにより通信内容が保護されていることを示しています。

　WebブラウザがWebサーバへのアクセスをリクエストしたとき、そのサイトがSSLによる通信が必要なものである場合、Webサーバは自身の電子証明書をWebブラウザに対して送ります。Webブラウザは、受け取った証明書が信頼できるものかどうかを、あらかじめWebブラウザとともにインストールされている認証局の電子証明書を頼りに判断し、信頼できるものであると判断した場合、実際のデータのやりとりの際に使用するセッションキーを生成し、サーバの公開鍵で暗号化してサーバに送ります。サーバがセッションキーを受け取ると、クライアント

PKIの活用例：SSL通信におけるサーバの認証

とサーバの両者で共通の鍵が持てた状態になります。この共通の鍵を使用して、SSLではセッションが継続している間、安全に通信を行うことができるのです。

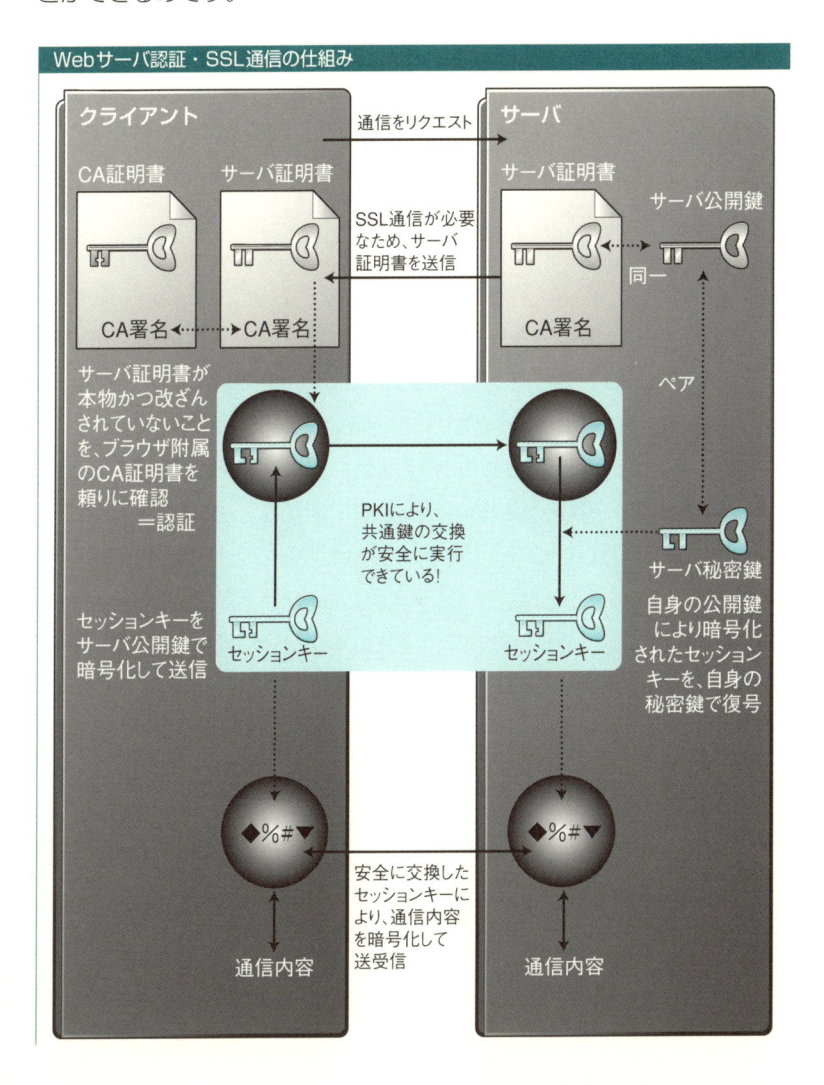

Webサーバ認証・SSL通信の仕組み

クライアント / **サーバ**

通信をリクエスト

CA証明書 / サーバ証明書 / サーバ証明書 / サーバ公開鍵

SSL通信が必要なため、サーバ証明書を送信

CA署名 ←→ CA署名 / CA署名

同一／ペア

サーバ証明書が本物かつ改ざんされていないことを、ブラウザ附属のCA証明書を頼りに確認 ＝認証

PKIにより、共通鍵の交換が安全に実行できている！

セッションキー / セッションキー

サーバ秘密鍵

セッションキーをサーバ公開鍵で暗号化して送信

自身の公開鍵により暗号化されたセッションキーを、自身の秘密鍵で復号

◆％#▼ / ◆％#▼

安全に交換したセッションキーにより、通信内容を暗号化して送受信

通信内容 / 通信内容

その他の認証技術

PKIのように第三者を介さずとも、とても確実な本人確認が可能な認証の方法も存在します。例えば、ワンタイムパスワードの利用やバイオメトリクス認証などです。

ワンタイムパスワードとは、アクセスのたびに1度限り使用が可能なパスワードをその都度生成し、サーバと連携して認証を行う仕組みです。クライアント側では、サーバと時刻の同期が取られているトークンというデバイスを使用する方式が一般的です。トークンには、一定時間ごとに切り替わる文字や数字の列が表示され、この文字列と暗証番号からパスワードが生成され、これをサーバとの間で照合して認証を行います。この方法はリモートアクセスなどに比較的多く利用されます。

バイオメトリクス認証とは、指紋、光彩、静脈など人間一人ひとりの身体に固有の特徴をパスワード代わりに使用する方法です。身体そのものではないのですが、シグネチュア（サイン）を書くときの筆跡や筆圧などの癖をもとに認証を行うシステムも存在します。これらの方法は、なりすましを行うことが極めて難しい認証方式です。しかし、認証に使用するデータ量が多く、また認証時の通信が暗号化されていないと通信データを盗聴され、悪用される可能性も0ではありません。インターネット越しの利用というよりは、コンピュータに直接触れるときや、建物の出入りの際の認証に利用されることが多い認証方法です。

いずれも相当に強力な認証方式ですが、残念ながらこれらを含めて今のところ100%安全な認証方法というものは存在しません。複数の方法を組み合わせて限りなく100%に近づけることはできますが、最終的にはシステムの規模や扱うデータの内容とコストとの妥協点を探すことになります。

その他の認証技術

ワンタイムパスワードの仕組み

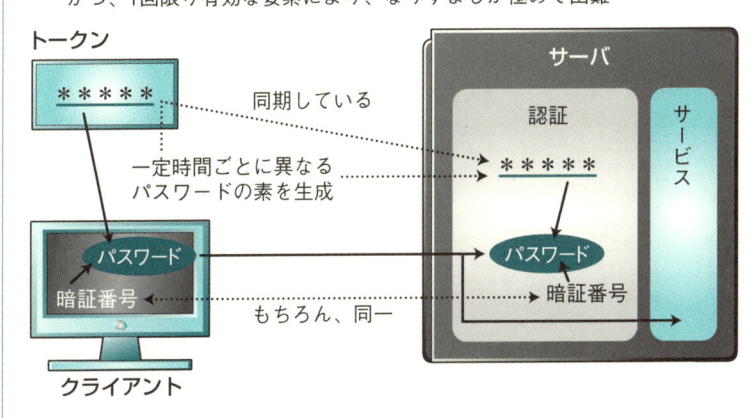

1回限り有効なパスワードの素、暗証番号のいずれもユーザごとに異なるもの

2つの要素を組み合わせることで、強固な認証を行うことが可能。
かつ、1回限り有効な要素により、なりすましが極めて困難

トークン

*****　……同期している……

一定時間ごとに異なる
パスワードの素を生成

クライアント

パスワード
暗証番号　……もちろん、同一……

サーバ

認証
*****
パスワード
暗証番号

サービス

バイオメトリクス認証

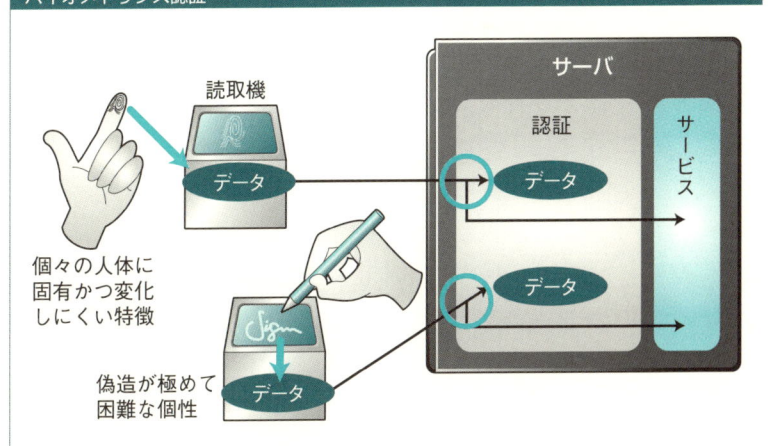

読取機
データ

個々の人体に
固有かつ変化
しにくい特徴

偽造が極めて
困難な個性

データ

サーバ

認証
データ
データ

サービス

# VPN：場所対場所のセキュリティ

　複数の事業所あるいはオフィスをもつ企業にとっては、他の事業所のLANにアクセスしたい（例えばファイルサーバ）という要望が出てくるのは当然のことです。しかし、グローバルIPアドレスの割り当て数の問題やセキュリティ上の観点から、LANはプライベートIPアドレスにより構成することがあたりまえになっています。プライベートIPアドレスを持つコンピュータは、NATなどにより、インターネット上のグローバルIPアドレスを持つコンピュータにアクセスすることができますが、同じようにNATなどを使用している別のLANに侵入することはできません。

　それでもLAN間を接続して安全に情報共有を行うため、従来は高速な専用線によりLAN間を接続することが普通でした。しかし、専用線は使用料金が高額です。このため、事業所間での情報共有をあきらめざるを得ないことも多いものでした。

　しかし、ISPを経由してのインターネットアクセスが、ブロードバンドの普及により安価でありながら高速化するにつれ、インターネットを経由して安全にデータをやりとりする方法が求められるようになりました。そこで使用されるのがVPN（Virtual Private Network）という技術です。

　VPNは、トンネリングという技術と暗号化/認証技術を組み合わせて、インターネット上に仮想的な専用線を敷設した状態をつくり出し、その上でセキュアな通信を行う仕組みです。仮想的とはいえ論理的には専用線ですので、プライベートIPアドレス同士によるLAN間通信も可能にします。これにより、高価な専用線を使用せず、他の事業所のサーバに安全にアクセスすることができます。

VPN：場所対場所のセキュリティ

　前2節で見たPKIは、人対サービスあるいは人対人のセキュアな通信を可能にするものですが、VPNは場所対場所のセキュアな通信を可能にする技術といえます。

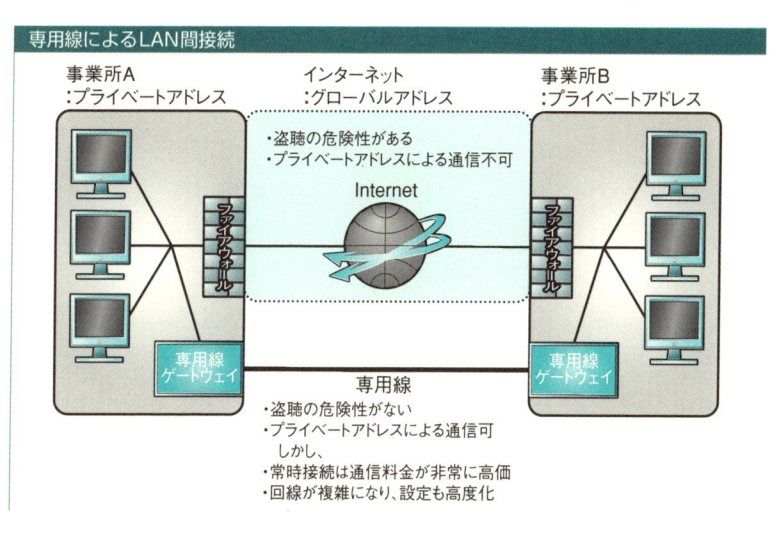

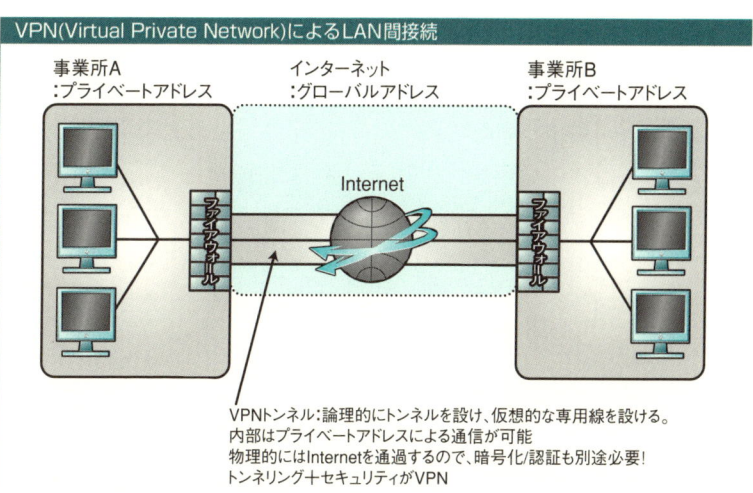

専用線によるLAN間接続

事業所A
：プライベートアドレス

インターネット
：グローバルアドレス

事業所B
：プライベートアドレス

・盗聴の危険性がある
・プライベートアドレスによる通信不可

ファイアウォール

専用線ゲートウェイ

専用線
・盗聴の危険性がない
・プライベートアドレスによる通信可
しかし、
・常時接続は通信料金が非常に高価
・回線が複雑になり、設定も高度化

VPN(Virtual Private Network)によるLAN間接続

事業所A
：プライベートアドレス

インターネット
：グローバルアドレス

事業所B
：プライベートアドレス

VPNトンネル：論理的にトンネルを設け、仮想的な専用線を設ける。
内部はプライベートアドレスによる通信が可能
物理的にはInternetを通過するので、暗号化/認証も別途必要！
トンネリング＋セキュリティがVPN

インターネットを専用線化する：トンネリング

　トンネリングに使用されるプロトコルには、PPTPやL2TP、IPSecといったプロトコルがあります。主にPPTPとIPSecに関して、その仕組みを通じて、トンネリング、ひいてはVPNがどのようなものかを考えてみましょう。

　PPTP（Point-to-Point Tunneling Protocol）は、ダイヤルアップ接続や専用線接続などで使用されるPPP（Point-to-Point Protocol）による通信を、IPネットワークを通して行うためのプロトコルです。PPPはデータリンク層のプロトコルであり、データリンク層（ネットワークインタフェース層に含まれる）にEthernetなどを使用するインターネット上では不要かつ使用不可能です。しかしPPTPは、PPPのフレームにIPヘッダを付加する（IPデータグラムにカプセル化する）ことで、結果的にPPPフレームをインターネット経由で送信することができるようにします。これにより、PPTPをサポートするノード間をインターネット経由でPPPにより接続することができます。このとき、インターネット上にPPPによる仮想的な専用線が、トンネルを通るように敷設された状態として表現できるため、このような技術をトンネリングと呼びます。ただし、PPTPは暗号化/認証の仕組みを持たないので、例えば、PPPの仕組みの応用（PAPやCHAP）などでセキュリティを確保しなければ、セキュアなVPNにはなりません。

　IPSecは、PPTPと異なり暗号化/認証の仕組みを持ったプロトコルとして、VPN構築のための枠組みを提供します。暗号化の仕組みを持ってはいるのですが、使用する暗号化アルゴリズムを特定していないのが大きな特徴です。これにより、コンピュータの処理能力が上がって、現在一般的に使用されるようなアルゴリズムのセキュリティ強度が

インターネットを専用線化する：トンネリング

十分ではなくなったとしても、そのとき使用できるさらに強固なアルゴリズムを組み合わせて使用することができ、拡張性の高いプロトコルとなっています。

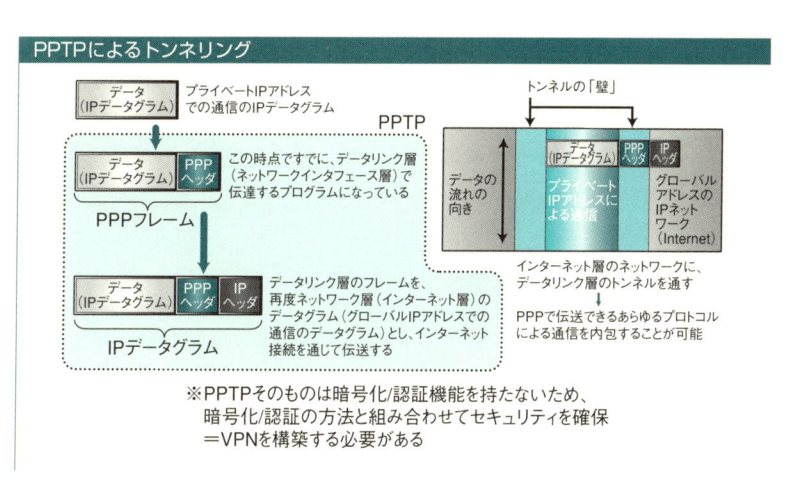

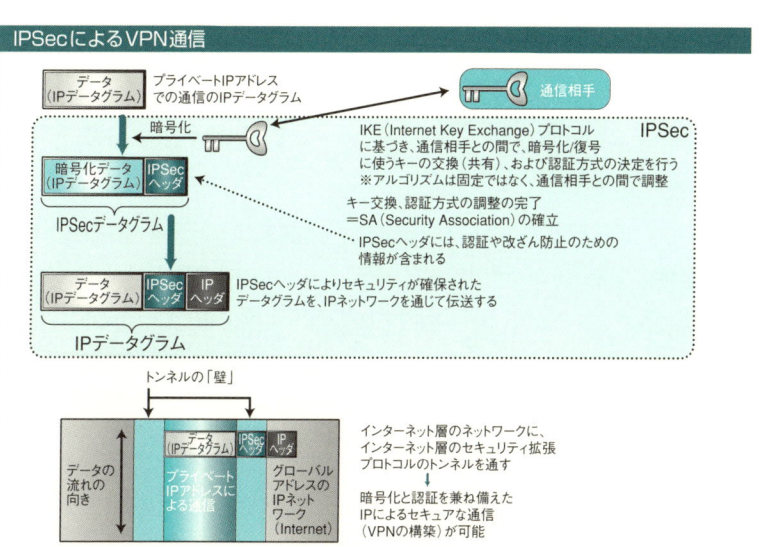

PPTPによるトンネリング

データ（IPデータグラム） → プライベートIPアドレスでの通信のIPデータグラム

PPTP

データ（IPデータグラム）＋PPPヘッダ ＝ PPPフレーム
この時点ですでに、データリンク層（ネットワークインタフェース層）で伝達するプログラムになっている

データ（IPデータグラム）＋PPPヘッダ＋IPヘッダ ＝ IPデータグラム
データリンク層のフレームを、再度ネットワーク層（インターネット層）のデータグラム（グローバルIPアドレスでの通信のデータグラム）とし、インターネット接続を通じて伝送する

トンネルの「壁」

データの流れの向き：プライベートIPアドレスによる通信 → グローバルアドレスのIPネットワーク（Internet）

インターネット層のネットワークに、データリンク層のトンネルを通す

PPPで伝送できるあらゆるプロトコルによる通信を内包することが可能

※PPTPそのものは暗号化/認証機能を持たないため、暗号化/認証の方法と組み合わせてセキュリティを確保
＝VPNを構築する必要がある

IPSecによるVPN通信

データ（IPデータグラム） → プライベートIPアドレスでの通信のIPデータグラム

暗号化 🗝 通信相手

IPSec

暗号化データ（IPデータグラム）＋IPSecヘッダ ＝ IPSecデータグラム

IKE（Internet Key Exchange）プロトコルに基づき、通信相手との間で、暗号化/復号に使うキーの交換（共有）、および認証方式の決定を行う
※アルゴリズムは固定ではなく、通信相手との間で調整

キー交換、認証方式の調整の完了
＝SA（Security Association）の確立

IPSecヘッダには、認証や改ざん防止のための情報が含まれる

データ（IPデータグラム）＋IPSecヘッダ＋IPヘッダ ＝ IPデータグラム
IPSecヘッダによりセキュリティが確保されたデータグラムを、IPネットワークを通じて伝送する

トンネルの「壁」

データの流れの向き：プライベートIPアドレスによる通信 → グローバルアドレスのIPネットワーク（Internet）

インターネット層のネットワークに、インターネット層のセキュリティ拡張プロトコルのトンネルを通す

暗号化と認証を兼ね備えたIPによるセキュアな通信（VPNの構築）が可能

セキュリティ確保のための基本中の基本

ここまでではあまり詳しく触れていませんが、セキュリティ確保のために極めて基本的かつ重要な要素が3つほどあります。

あらゆる手を尽くしてセキュリティを確保しているとしても、インターネット経由でのアクセスを許可するサービス、例えば、Webサーバを運用していると、外部からの経路を完全に断つ、ということは当然ながら不可能です。このような状況で、もしOSやサーバソフトウェアにセキュリティホールが存在するとなれば、そこをついた攻撃からシステムを守るためには、迅速なパッチ適用が必須です。システム管理者は、使用しているソフトウェアのセキュリティ情報に日常的に注意している必要があります。

OSをデフォルトに近い状態で運用しようとすると、意外にも使わないサービスが稼動していることが多いものです。動かす意図がないサービスに関しては、セキュリティ情報のチェックが甘くなってしまい、気づいたらサーバを乗っ取られていた、ということになる危険性が非常に高くなります。不要なサービスは動かさない、これはセキュリティの大原則の1つです。

アクセス権の管理も大切な作業です。重要なファイルやディレクトリがうっかり誰でもアクセスできるようになっていたりすると、悪意あるユーザに改ざんされ、あるいは持ち去られてしまいます。とくに、組織内部のユーザによるデータの漏洩などは、コンピュータに関する技術では根本的に防止することが不可能なものです。だからこそ、最低限のアクセス権管理は、システム管理者にとって必須の仕事です。

コンピュータは常に進化しますが、そのたびに新たなセキュリティ上の問題が生まれ、これに対抗する新たなセキュリティ技術を常に習得し

セキュリティ確保のための基本中の基本

ていく必要があります。しかし、これらの基本的な管理を怠らないことこそが、データを、システムを守るための基本中の基本です。

セキュリティホールがあると

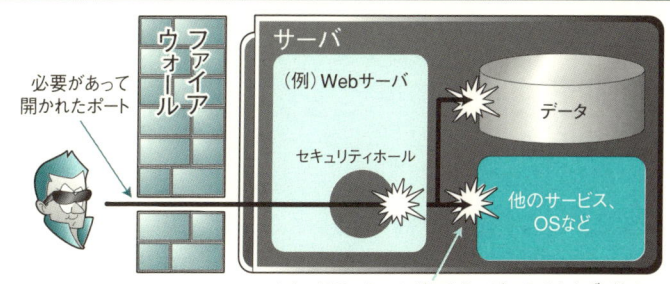

必要があって開かれたポート

ファイアウォール

サーバ
（例）Webサーバ
セキュリティホール

データ

他のサービス、OSなど

セキュリティホールがあるサービスのみならず、他のサービスやOSそのもの、データが危険にさらされる

セキュリティパッチの適用、不要なサービスの危険性

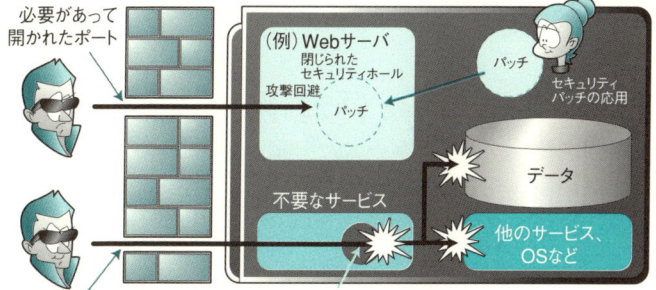

必要があって開かれたポート

（例）Webサーバ
閉じられたセキュリティホール
攻撃回避
パッチ

パッチ

セキュリティパッチの応用

データ

不要なサービス

他のサービス、OSなど

不要なサービスが動いていることを見落としたために開いたままになっているポート

動いていることすら見逃した不要なサービスに、セキュリティホールがあっても気づきようがない

アクセス権の管理

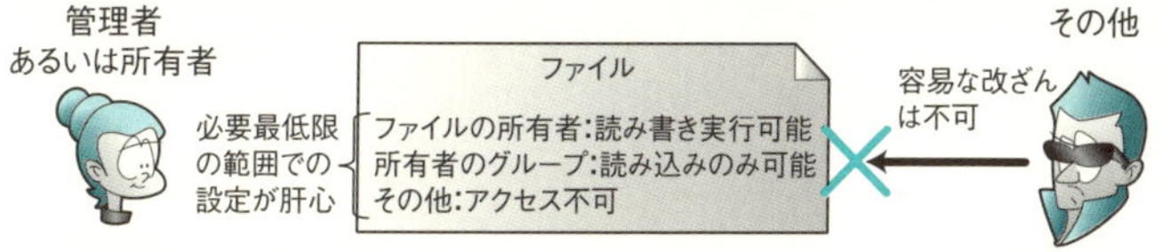

管理者あるいは所有者

必要最低限の範囲での設定が肝心

ファイル
ファイルの所有者：読み書き実行可能
所有者のグループ：読み込みのみ可能
その他：アクセス不可

その他

容易な改ざんは不可

ログの収集やIDSの活用

セキュリティについてよくいわれることなのですが、セキュリティを強固にすればするほど、システム全体としての利便性は犠牲になります。利便性やコストとの兼ね合いを考えながらセキュリティは確保されます。したがって、完璧なセキュリティの確保はまず不可能です。そして、可能な限りのセキュリティを確保したとしても、残念ながら攻撃を受け、被害を被る可能性も常にあり得るのです。

そのような場合は、迅速に状況を確認、原因を究明し、対応を図ることになりますが、このときに重要になってくるのが、ログの取得です。およそ一般的なOSやアプリケーションには、システムに今何が起こっているのか、というステータスを記録しておく機能が備わっています。そのような記録をログと呼びます。このログには、ユーザが実行したコマンドなどの他、どのIPアドレスからどのプロトコルでアクセスされているか、といった情報も記録することができます。そのログを分析して、犯人の特定や防御に役立てることができます。

また、侵入検知システム（Intrusion Detection System、以下IDS）と呼ばれる種類のソフトウェアも、セキュリティのために有効です。IDSは、ネットワークを監視し、不正アクセスと思われるトラフィックや、ポートスキャン（サーバ上で開いているTCP/IPのポートを検索する行為）など攻撃の兆候を検知し、ユーザに通知するなどの機能をもったソフトウェアです。攻撃を受けそうになったポートを自動的に閉じる機能をもったものもあります。

このようなログの機能やIDSを活用して、システムが置かれた状況を日常的にチェックすることは、システムの管理者にとって非常に大切な仕事です。こうすることで、不正アクセスに迅速に対処することができ

るばかりではなく、例えば、防御が非常に難しいサービス拒否攻撃（Denial of Service Attack：DoS攻撃）からの復旧を早くすることができます。

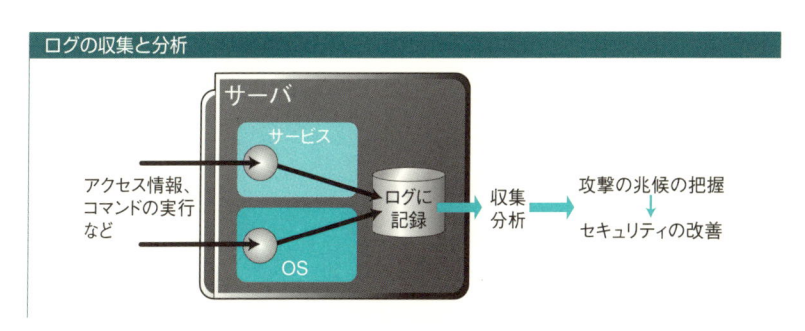

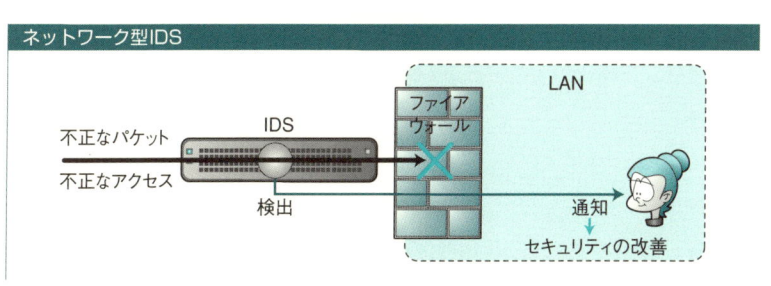

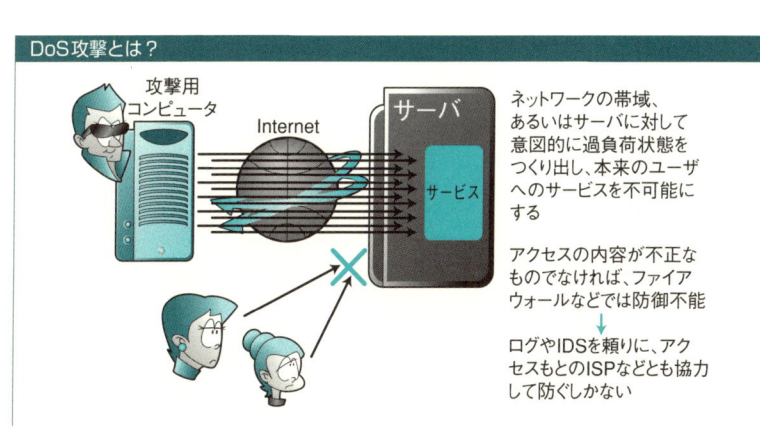

ログの収集と分析

サーバ
- サービス
- OS

アクセス情報、コマンドの実行など → ログに記録 → 収集分析 → 攻撃の兆候の把握／セキュリティの改善

ネットワーク型IDS

不正なパケット／不正なアクセス → IDS 検出 → ファイアウォール（LAN）→ 通知 → セキュリティの改善

DoS攻撃とは？

攻撃用コンピュータ → Internet → サーバ（サービス）

ネットワークの帯域、あるいはサーバに対して意図的に過負荷状態をつくり出し、本来のユーザへのサービスを不可能にする

アクセスの内容が不正なものでなければ、ファイアウォールなどでは防御不能
↓
ログやIDSを頼りに、アクセスもとのISPなどとも協力して防ぐしかない

もし、攻撃を受けてしまったら？

　前節でも述べましたが、完璧なセキュリティを確保するということは不可能です。不幸にも攻撃を受けてしまった場合、どのように対処すればよいでしょうか？　考えてみましょう。

　まず、他のサービスやシステム全体に影響を及ぼさないよう、攻撃を受けたコンピュータをネットワークから切り離すことが最優先です。このとき、そのコンピュータが動き続けていれば、シャットダウンや再起動をしてはいけません。起動に必要なファイルが攻撃により失われ、起動できない可能性があるからです。ネットワークからの切り離しは物理的に行うべきですが、不可能な場合は、ネットワークインタフェースを無効にする、すべてのTCP/IPポートを閉じるなどして論理的に切り離します。

　ネットワークからの切り離しが完了したら、閉じられた環境において、保存されているログからどのような攻撃を受けたのかを確認し、また不審なプログラムが仕掛けられていないか、データが消去あるいは改ざんされていないかなどを検証します。また、もとのネットワーク上の他のコンピュータが同じような攻撃を受けていないかどうか、その後の可能性も含めて確認する必要があります。

　状況の確認や原因の分析ができたら、その結果に応じて、組織のセキュリティポリシーにしたがって関係各所への対応を行う必要があるでしょう。サーバが止まるということは、必ずどこかのユーザに迷惑がかかっているのです。迅速かつ適切な情報開示などの対応により、信頼の回復に努める必要があります。

　攻撃を受けたコンピュータに関しては、調査が済んだら基本的にOSのインストールから始めて再構築を行うべきです。不正アクセスを受け

た場合、バックドア（再度攻撃を行うための侵入口）をこっそりと仕掛けられるケースがあり、バックドアは発見しても完全に除去することが困難なものだからです。

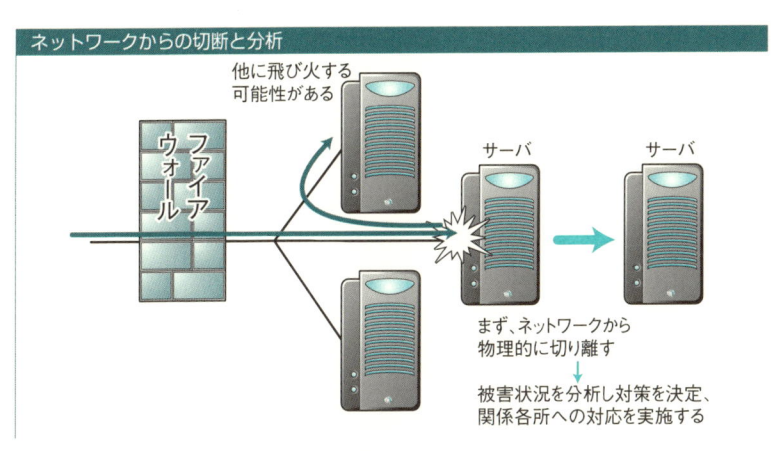

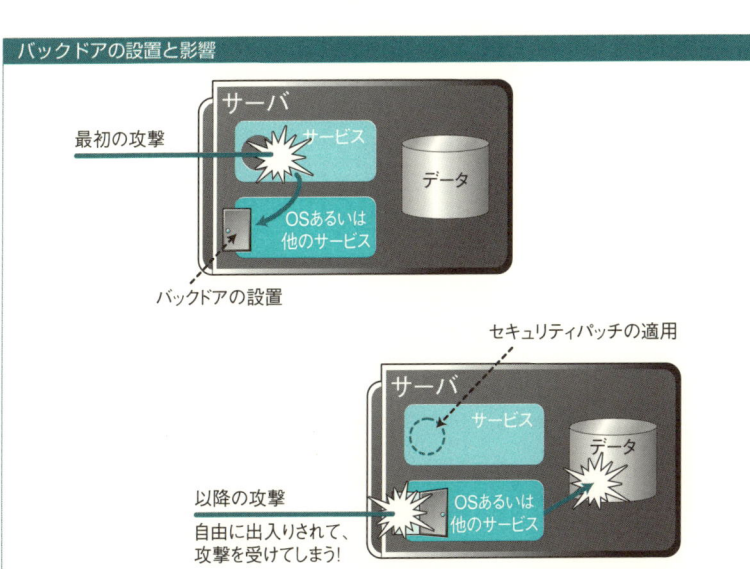

ネットワークからの切断と分析

他に飛び火する可能性がある

ファイアウォール

サーバ

サーバ

まず、ネットワークから物理的に切り離す
↓
被害状況を分析し対策を決定、関係各所への対応を実施する

バックドアの設置と影響

最初の攻撃

サーバ
- サービス
- データ
- OSあるいは他のサービス

バックドアの設置

セキュリティパッチの適用

サーバ
- サービス
- データ
- OSあるいは他のサービス

以降の攻撃
自由に出入りされて、攻撃を受けてしまう！

7

自宅でサーバを立てるポイント

マシン選び

サーバとして使用するコンピュータに、どのようなスペックのものを選ぶかですが、個人が自宅で使用することを目的とする場合、主に考慮すべきポイントはコンピュータそのものの信頼性（安定性）、そして停電対策の2点になると思います。

企業の業務レベルの使用であれば、提供するサービス、アクセスする人数、使用期間、予算などさらに多くの要素を基準に、性能などを慎重に選択することになります。しかし、個人が趣味レベルで立てる場合には、性能的には現在一般市場で市販されているGHz級のプロセッサ、数100MBのメモリ、数10GBのHDDを搭載するパソコンレベルのもので十分でしょう。立てたWebサイトが異常な人気になったりしたら、嬉しい悲鳴をあげつつ対策を考えることは必要かもしれませんが。

自作で他人がアクセスするサーバを立てる場合は、それぞれのパーツの信頼性については、十分に情報を集めて検討する必要があるでしょう。せっかくアクセスしようとしたのにダウンしていては、その後アクセスする気をなくしてしまいます。

自宅でサーバとして常に動かし続けるために忘れてはならないのが、突然のブレーカーの作動や停電の発生など、不意の電源供給停止によるコンピュータの故障を避けるための装置、UPSです。

自分が自宅にいるときは単純にUPSを接続しておき、電源供給の停止後すぐにコンピュータをシャットダウンすることができますが、留守中には、UPSと連動してコンピュータを自動的にシャットダウン/再起動させる機能を持たせることが必要になります。UPSによっては、フリーソフトウェアでそういった機能を実現させるものがあります。マザーボードのBIOS（Basic Input Output System：基本入出力シス

テム）の機能で、通電時電源ONが可能なものと組み合わせることで、留守中の停電対策はほぼ十分なものになるといえるでしょう。

主な一般向けプロセッサ

プロセッサ名	メーカによる推奨用途
Intel Xeon	サーバ ワークステーション
Intel Pentium4 Intel Celeron	エントリレベル・ワークステーション ハイエンド・デスクトップ パフォーマンスPC メインストリームPC
AMD Athlon MP	サーバ ワークステーション
AMD Athlon XP AMD Duron	デスクトップ

それぞれ、ECC/レジスタードメモリ対応かどうか、Hyper-Threadingテクノロジ（Intelのみ）対応かどうかにより、選ぶべきチップセット（マザーボード）、メモリの種類が異なる。また、チップセットにより使用できる最大メモリ容量が異なる

UPSによる電源管理

1.停電発生時

- ③シャットダウン指示
- ④シャットダウン
- ⑤電力供給停止
- 制御
- ②停止信号
- ①停電
- サーバ（OS、UPSソフトウェア）
- UPS
- 電源

2.電源復旧時

- ④起動
- ③起動
- ②電力供給再開
- 制御
- ⑤制御開始
- ①復電
- サーバ（OS、UPSソフトウェア）
- UPS
- 電源

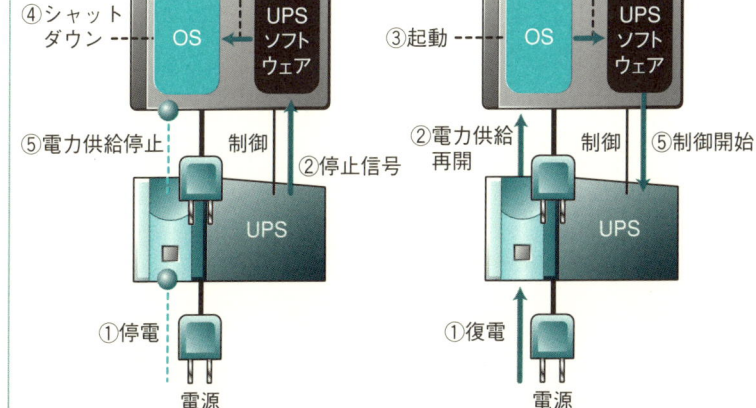

OS選び

　サーバとして使用するためには、それなりの機能を持ったOSをインストールすることが必要になります。選ぶために考慮すべきことは、【価格】【機能】【サポート】になるでしょうか。

　最も手軽に入手でき、困ったときの情報量も多いのは、やはりLinux OSでしょう。筆者が今この原稿を書いているかたわらにもLinuxサーバが1台ありますが、これは雑誌に付属していたCD-ROMからインストールしたもので、Web、ファイルサーバとして機能しています。Linux OSはWindowsなどと違って、インターネットで無償でダウンロードすることも可能です。

　OSだけではなくサーバアプリケーションも、必要なものはすべて無償で手に入れることが可能です。Linuxとは本来OS全体を指すのではなく、その中心的な機能を果たすカーネルと呼ばれるパーツのことです。自動車でいえばエンジンにあたるでしょう。そして、完成した1台の自動車として、Linux OSは一般的に提供されています。これをディストリビューションと呼びますが、このディストリビューションには、各種サーバアプリケーションが含まれており、コンピュータにインストールして必要な設定を施せば、サーバとして機能させることが可能です。

　サーバとして機能させるまでには、人や状況によってはいろいろと壁にぶつかることもあります。無償で手に入るOSとなると、困難に直面したときに誰からもサポートを受けられないのでは、と心配になるかもしれません。しかし、Linuxに関していえば、困ったときにはインターネットで調べればたいていの情報が手に入ります。Linuxはオープンソースであり、作成あるいは使用する人たち自身が情報を共有し、助け合

うコミュニティが存在しています。そうして蓄積された情報をもとに、自分の技術を向上させ、いつかそれらのコミュニティに貢献するというのも、よい心掛けではないでしょうか。

OSのカーネルとディストリビューション

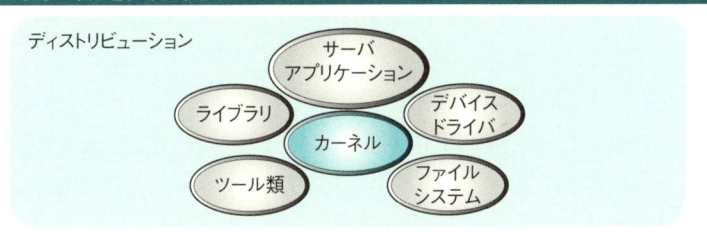

ディストリビューション
- サーバアプリケーション
- ライブラリ
- カーネル
- デバイスドライバ
- ツール類
- ファイルシステム

Linux OS 主要ディストリビューション

Red Hat 系	Red Hat Linux、Turbo Linux、SuSE Linux、Vine Linux、Miracle Linux、Mandrake Linux
Debian 系	Debian/GNU Linux、Omoikane/GNU Linux
Slackware 系	Slackware、Plamo Linux

OS ごとの主要サーバアプリケーション

OS	Linux OS	Microsoft Windows
Web サーバ	Apache	IIS（Microsoft社）
メールサーバ	Sendmail Postfix qmail	IIS（Microsoft社） Exchange Server（Microsoft社）
FTP サーバ	ProFTPD wu-ftp	IIS（Microsoft社）
DNS サーバ	BIND djbdns	DNS（Microsoft社）
ファイルサーバ	NFS Samba	OS標準機能
データベースサーバ	PostgreSQL. MySQL Oracle（Oracle社） DB2 UDB（IBM社）	SQL Server（Microsoft社） Oracle（Oracle社） DB2 UDB（IBM社）
ディレクトリサーバ	OpenLDAP	Active Directory（Microsoft社）

色文字はフリーソフトウェア

回線・プロバイダ選び

　自宅でサーバを立てるためには、当然ながら常時接続が可能なアクセス回線が必要です。幸いなことに近頃は、ADSLなどのいわゆる「ブロードバンド」回線による常時接続が安価に使用できるようになってきました。数年前までは数Mbpsの回線でも数十万円/月もしたものが、10～20数Mbpsを数千円で使えるのですから、ありがたい世の中になったものです。みなさんの中にも、すでにブロードバンド社会の住人である方も多いことでしょう。

　これらブロードバンド回線であれば、もはや自宅でサーバを立てるために帯域を気にする必要はありません。予算と環境に合わせて選べばよいでしょう。ただし、上りの帯域と安定性には注意したほうがよさそうです。

　サーバを立てるために重要なのが、回線の上り方向と下り方向のうち、上り方向の帯域です。ADSLがうたう○Mbpsという帯域は下り方向のものであり、インターネットへのアクセスにおいてユーザが恩恵を受けているのはこちらです。しかし、自宅にあるサーバから情報が出て行くのは上り方向であり、ADSLの場合、下り方向よりも上り方向の帯域は狭くなっています（もっとも、そうはいっても十分な帯域であることは確かです）。また、ADSLは、基地局からの距離によっては十分な帯域が得られなかったり、接続が不安定であったりする場合がありますので注意が必要です。

　回線とともに必要になるのがISPです。現在ではブロードバンド対応メニューが豊富ですので、予算や好み、または評判をもとに選べばよいでしょう。ただし、サーバを立てるにあたって確認しなければならないのが、付与されるグローバルIPアドレスが固定かどうかとその数です。

回線・プロバイダ選び

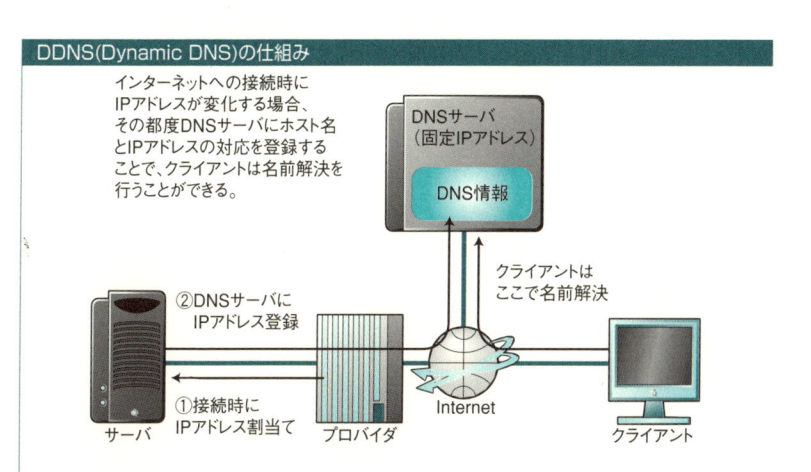

ネットワーク構成や設定、プロバイダの制限によっては、複数のアドレスが必要になる場合があります。なお、固定アドレスではなくても、DDNS（Dynamic DNS）という仕組みを利用することでサーバ運用が可能になります。

主なADSL、FTTHサービス

回線種類	事業者・サービス	別途プロバイダ加入
ADSL	NTT東日本・西日本「フレッツADSL」	必要
ADSL	アッカ・ネットワークス	必要（提携プロバイダから申し込み）
ADSL	イー・アクセス	必要（提携プロバイダから申し込み）
ADSL	Yahoo!BB	不要
ADSL	平成電電「電光石火」	不要
FTTH（光ファイバ）	NTT東日本・西日本「Bフレッツ」	必要
FTTH（光ファイバ）	東京電力「TEPCOひかり」	必要（提携プロバイダから申し込み）
FTTH（光ファイバ）	ケイ・オプティコム（関西電力）「eoホームファイバー」	不要
FTTH（光ファイバ）	有線ブロードバンドネットワークス「BROAD-GATE01」	不要
FTTH（光ファイバ）	アイ・ピー・レボリューション	不要

DDNS(Dynamic DNS)の仕組み

インターネットへの接続時にIPアドレスが変化する場合、その都度DNSサーバにホスト名とIPアドレスの対応を登録することで、クライアントは名前解決を行うことができる。

①接続時にIPアドレス割当て
②DNSサーバにIPアドレス登録
クライアントはここで名前解決

サーバ　プロバイダ　Internet　DNSサーバ（固定IPアドレス）　DNS情報　クライアント

ネットワーク構成・ゲートウェイ機選び

　自宅にサーバを立てるためには、インターネットへのゲートウェイとなるルータなどが必要になります。ゲートウェイ機に何を用いるかは、【構築するネットワーク構成】【ファイアウォール機能の有無】【スループット】【VPN機能の有無】などにより判断することになるでしょう。

　ブロードバンドルータとしてADSLなどの回線向けに市販されているものには、何らかのファイアウォール機能が搭載されていることが多くなっています。最低限のセキュリティを確保するという意味では、これらの機能を活用することが有効です。

　しかし、アクセス量や要求するセキュリティ強度に応じては、ルータとは別にファイアウォール専用機の設置を検討する必要もあるでしょう。ネットワーク構成の上で、サーバをDMZに配置し、プライベートアドレス空間のパソコンから別途インターネットアクセスを行う場合は、DMZポートを持った装置が必要になります。

　ルータやファイアウォール機のネットワークのスループット(単位時間当たりのデータ転送量)は、特にFTTHなどの超高速回線を使用する場合に気になる項目です。100Mbpsのインタフェースを備えていても、パケットフィルタリングなどの機能を使うことで、実際のスループットはその半分程度に低下する例もあります。FTTHは、実測で90Mbps以上の通信が可能な場合もありますから、せっかくの広帯域を生かしたいというなら、フィルタリング時のスループットも重要です。

　VPNも、昨今頻繁に取り沙汰される機能です。リモート管理を行う場合などは、SecureShellの利用にとどまらない安全策を講じるに越したことはありません。ましてや、機密性の高いデータを扱う場合はなおさらです。

ネットワーク構成・ゲートウェイ機選び

　また、購入後のことですが、ファームウェアのアップデートにも気を配る必要があります。セキュリティに関わる重要な更新があることも少なくありませんので、時折チェックして、最新の状態に保つ必要があります。

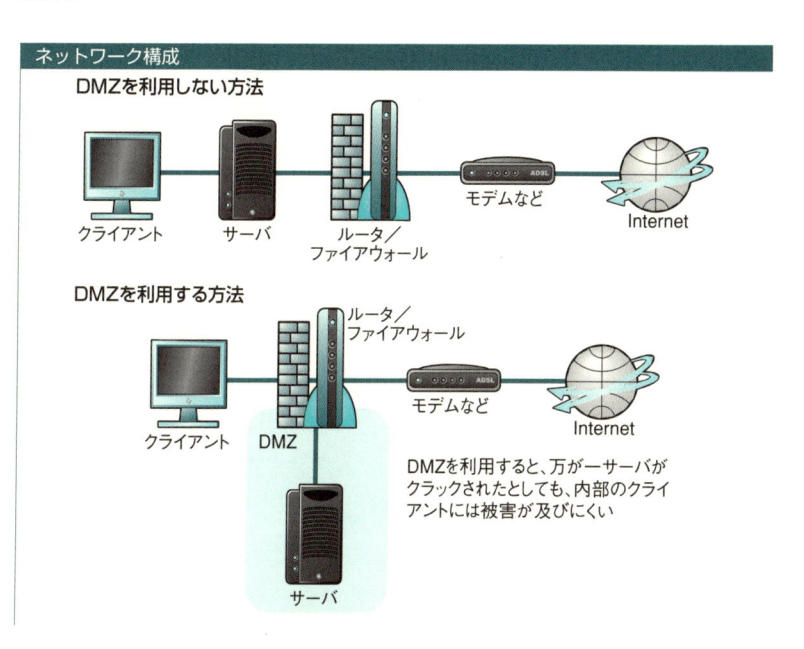

ネットワーク構成

DMZを利用しない方法

クライアント　サーバ　ルータ／ファイアウォール　モデムなど　Internet

DMZを利用する方法

クライアント　DMZ　ルータ／ファイアウォール　モデムなど　Internet　サーバ

DMZを利用すると、万が一サーバがクラックされたとしても、内部のクライアントには被害が及びにくい

ファームウェアとは？

ROMやフラッシュメモリなどの不揮発性メモリに記録され、ハードウェアを直接制御してユーザに機能を提供する種類のソフトウェア。ハードウェアが提供できる機能に密着した専用ソフトウェアであり、アプリケーションのように柔軟で簡単に変更できるものではない。

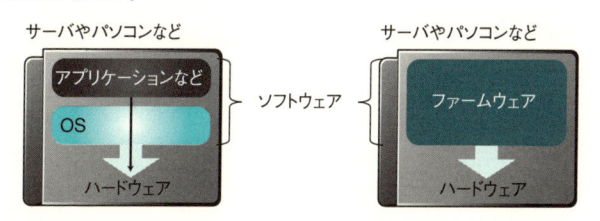

サーバやパソコンなど　　　　　　　サーバやパソコンなど
アプリケーションなど　　　ソフトウェア　ファームウェア
OS
ハードウェア　　　　　　　　　　　　ハードウェア

7 自宅でサーバを立てるポイント

心構え

　「自宅でサーバを立てるポイント」。この章のタイトルを目にしたみなさんは、サーバ構築の具体的なノウハウを期待していたかもしれません。しかし、そういった内容は他の本に譲り、最後に最大のポイントといえる「心構え」について触れておきます。

　みなさんが自宅で立てようと考えているサーバは、自宅以外のネットワークに接続されるサーバでしょうか？　自宅の中だけで完結する話であれば、ご自由にやっていただいて結構だと思います。しかし、そのサーバがどこかでインターネットに接続されるものであれば、それは「インターネットを構成する社会の一員になる」ことであり、つまり「それなりの責任を負う」ことに他なりません。

　もし、自分が立てたサーバがスパムメールの踏み台にされたら？　ウイルスの蔓延の温床になったら？　DDoS攻撃の兵隊に仕立て上げられたら？　あるいはサーバを含めて同じネットワークに接続されるコンピュータ上に、他人のプライバシーに関わる情報が入っていたら、一体どうなるでしょうか？　脅しでも何でもなく、自宅のサーバの管理をいい加減にしていたがために、訴えられる可能性もゼロではないのです。

　確かに、企業や団体のサーバに比べれば、個人のサーバは狙われやすいものではありません。しかし、攻撃を受ける可能性がゼロではない以上、そしてサーバがインターネットを支える一部となるものである以上、少なくとも外部に迷惑をかけないためのセキュリティ、というものに求められるレベルは、企業であれ個人であれ変わりはないはずです。

　サーバを立てる、ということの面白さに比べると、セキュリティを確保するための日常的な作業は確かに地味です。しかし、この地味な作業を怠らないことが、サーバ管理者として最低限の心構えであるといえま

心構え

す。サーバを立てる皆さんが、インターネット社会の一員としての責任を果たし、立派な管理者になられることを願っています。

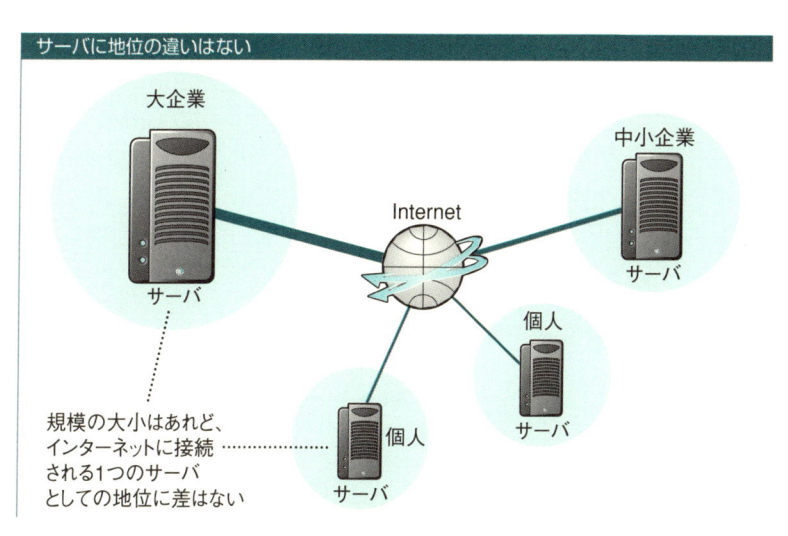

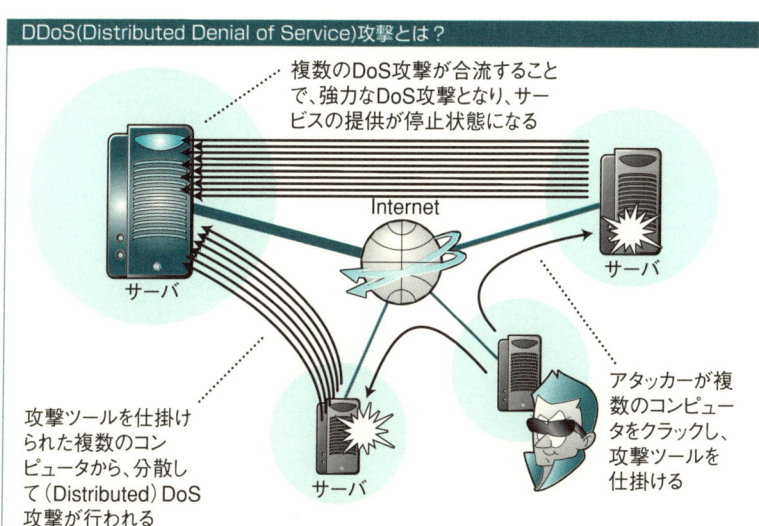

サーバに地位の違いはない

大企業 サーバ
中小企業 サーバ
個人 サーバ
個人 サーバ
Internet

規模の大小はあれど、インターネットに接続される1つのサーバとしての地位に差はない

DDoS(Distributed Denial of Service)攻撃とは?

複数のDoS攻撃が合流することで、強力なDoS攻撃となり、サービスの提供が停止状態になる

攻撃ツールを仕掛けられた複数のコンピュータから、分散して(Distributed)DoS攻撃が行われる

アタッカーが複数のコンピュータをクラックし、攻撃ツールを仕掛ける

■索 引

記号・数字・アルファベット

.biz	86
.com	86
.net	86
5大機能	134
6大機能	134
10GbE	156
10Gigabit Ethernet	156
Adominstrator	66
ADSL	40,118,212
anonymous FTPサーバ	80
ANSI	94
Apache	62
APNIC	51,86
APOP	72
ARP	44,46
ARPANET	22
ARPキャッシュテーブル	44
ASP	58,62
ATM	40
BBS	58
BEA Systems社	98
BEA Weblogic Server	98
BIOS	208
CATV	118
CD	142
CGI	58,60,64
CGIスクリプト	60
CGIプログラム	60
CHAP	118
co.jp	86
CPU	136,142
CSR	190
CUI	78,114
C言語	60
DB2 UDB	92
DBMS	90
DDNS	213
DDoS攻撃	216
DDR SDRAM	140
delete	94
DHCP	110
DHCPサーバ	112
DMZ	182,214
DNS	82
DNSサーバ	82,84,88
DoS攻撃	203
DVD	142
Dynamic/Praivateポート	35
ECC機能	140
ECサイト	90
Ethernet	24,40,42
Ethernetフレーム	24
Fibre Channel	142,148,150
FTP	28,34,78,182
FTTH	118,214
GbE	156
Gigabit Ethernet	156
Google	58
gTLD	86
HDD	142
Hewlett-Packard社	139

HTML	56
HTTP	24,28,34,56,182
Hyper Link	56
Hyper-Threading Technorogy	138
HyperTransport	157
IANA	34
IBM社	98
ICANN	50
ID	102,188
IDE	142
IDS	202
IEEE802.1x	121
IETF	50
IIS	62
IMAP	28,70,72
IMAP4	72
IMAPサーバ	70
infiniBand	157
insert	94
Intel社	136
Internet Explorer	56
InterNIC	51,86
IP	22,36
IPSec	198
IPアドレス	24,36,38
IPデータグラム	24,26,38,46
IPプログラム	24,26
IPマスカレード	184
IRTF	50
iSCSI	148
ISDN	40
ISMS適合性評価制度の認証基準	174
ISO	20,94
ISOC	50
ISP	70,78,118,184,196
J2EE	62
Java	98
Java VM	98
JavaScript	62
Java言語	62,95
Javaサーブレット	64
Javaプログラムモジュール	64
JDBCドライバ	94
JIS	94
JIS X 5080:2002	174
JPNIC	51,86
JPRS	86
Jscript	62
JSP	58,62
L2TP	198
LAN	110
Linux	54,210
Linux OS	210
Linuxサーバ	54
MacOS	54
MACアドレス	40,42
MD5	120
MO	142
NAS	150
NAT	184,196
ne.jp	86
NeuLevel	86
NFS	34
NIC	40,86
NTP	130
NTPサーバ	130
ODBCドライバ	94
Oracle	34,92,98

Oracle9i Application Server	98
OS	25,54
OSI参照モデル	20
PAP	118
PC3200	140
PCI	156
PCI Express	156
PCI-X	156
Pentium4	136
Perl	60
ping	48
PKI	190
POP	28,70,72
POP before SMTP	74
POP3	34,72
POPサーバ	70
PostgreSQL	35,92
POSレジスタ	2
POWER4	139
PPP	198
PPTP	198
proxy	126
RADIUS	34,120
RADIUSサーバ	120
RAID	144
RAID0	146
RAID1	146
RAID5	146
RAID10	146
RAIDディスクアレイ	148
RAM	140
RDB	92
RDBMS	92,94
Registeredポート	34
RFC	50
RIPE-NIC	51,86
RTC	130
SAN	148,150
SCSI	142,148
Secure OS	66
SecureShell	214
select	94
Serial ATA	142
SMTP	24,28,34,70
SMTP Auth	74
SMTPサーバ	70
SQL	94
SQL Server	92
SSH	116
SSHサーバ	116
SSI	58,60
SSL	192
Sun Microsystems社	98
Sun ONE Application Server	98
TA	118
TCP	22,30
TCP/IP	22
TCPセグメント	24,26,32
TCPプログラム	26,32
TCPヘッダ	24,32
Telnet	114
Telnetサーバ	114
TLD	82,86
Tomcat	98
traceroute	48
Trusted OS	66
TTL	88
UDP	22,30

UDPデータグラム 32
UDPプログラム 32
UDPヘッダ 32
Ultra SPARC Ⅳ プロセッサ 139
UNIXサーバ 54
update..94
UPS 158,208
USB 160
VBScript..62
VeriSign GRS...................................86
VPN 116,154,196
WebSphere Application Server 98
Webサーバ...............................2,54,56
Webブラウザ 24,28,56
Webページ..56
Well Known Port............................34
Windows 54
Windowsサーバ.................................54
WINS 34
Xeon..136
Yahoo!...58

あ　行

アクセス 2,208
アクセスサーバ.................................118
アクセスポイント 120
アップデート....................................100
アップロード......................................78
アドレス解決プロトコル......................44
アプリケーション
　ゲートウェイ...........126,180,182
アプリケーションサーバ...........98,100
アプリケーション層 21,22
アプリケーションソフトウェア...28,54

アベイラビリティ 160
暗号化 172,178
安定性 208
インターネット 2
インターネット学会 50
インターネット技術標準化委員会.....50
インターネット次世代技術研究委員会....50
インターネット層 22
インタフェース..........................64,156
ウイルス 68,176
ウイルススキャン 76
演算 134
オブジェクト型..................................92

か　行

カード型..92
カーネル..210
改ざん...66,176
買い物カゴ..58
カスケード接続 42
可用性 160,174
カラム..92
完全性 174
記憶 134
機密性 174
キャッシュ機能 88
キャッシュサーバ.............................128
キャッシュメモリ 136
行　..92
共通鍵暗号..186
共有 12
クライアント 4,6
クライアント/サーバ 8
クラスタリング 96,161,162

グリッドコンピューティング...........169	冗長化...146
グローバルIPアドレス 184	情報セキュリティ...........................172
経路制御...38	静脈...194
ゲートウェイ.....................................46	証明書要求ファイル.......................190
権限の委譲...82	シングルサインオン 124
公開鍵...186	侵入検知システム...........................202
公開鍵暗号.......................................186	信頼性...208
公開鍵基盤.......................................190	スイッチファブリック...................149
光彩...194	スーパーコンピュータ...................168
コールバック...................................118	スーパーユーザ権限.........................66
コネクション管理.............................64	スクリプト言語.................................60
コミュニティ...................................211	スター型トポロジ.............................42
コンソール機材...............................114	スタティックルーティング.............38
コンテンツ...56	ステートフルパケットインスペクション..180
コンパイル...60	ステートレス.....................................64
コンピュータウイルス.....................76	ストライピング...............................146
コンポーネント.................................96	スパムメール.....................68,74,216
	スプリットブレイン 162

さ 行

サーキットレベル	スループット...................................214
ゲートウェイ...........126,180,182	スレーブサーバ.................................84
サーバ...2,6	スレッド...138
サービス拒否攻撃...........................203	制御...134
再起動...204	制御コマンド...................................148
サブネットマスク.............................38	静的コンテンツ.................................58
サポート...210	セカンダリネームサーバ.................84
シェアウェア.....................................78	セキュアシェル...............................116
シグネチュア...................................194	セキュリティホール.................66,200
指紋...194	セキュリティポリシー...................204
シャットダウン...............................204	セッション管理.................................64
集線装置...42	セッション層.....................................21
受信メールサーバ.............................68	送信メールサーバ.............................68
出力...134	ゾーン情報...84
常時接続...212	ゾーン転送...84
	属性...124

た 行

ターミナルアダプタ 118
帯域 212
ダイナミックルーティング 38
ダイヤルアップルータ 112
ダウンロード 2
蓄積 12,24
着メロ 2
中央処理装置 136
中継 10
ツリー 124
ツリー構造 124
ディザスタリカバリ 154
ディスク 144
ディスクアレイ 148
ディストリビューション 210
停電対策 208
ディレクトリ 104
ディレクトリサーバ 122
ディレクトリサービス 122
ディレクトリツリー 124
データベース 64,90
データベースサーバ 54,90,96
データリンク層 21,40
テーブル 92
デフォルト 200
デフォルトゲートウェイ 46
電子掲示板 58
電子メール 2,68
電子メールクライアント 24
電子メールクライアントソフトウェア 70
電子メールソフト 28
添付 68
動作クロック数 136
盗聴 176,178
動的コンテンツ 58
登録ポート 34
トップレベルドメイン 82,88
トポロジ 42
ドメインネームシステム 82
ドライバソフトウェア 40
トラフィック 128
トラブルシューティング 48
トランザクション 98
トランスポート層 21,22,30
トレーラ 24,26
トンネリング 196,198

な 行

なりすまし 178
入力 134
認証 172,178
ネットワーク 4
ネットワークアドレス部 38
ネットワークアドレス変換 184
ネットワークインタフェース層 22
ネットワーク型 92
ネットワークセグメント 38
ネットワーク層 21,22

は 行

バーコード 2
ハードディスクドライブ 142
ハートビート 162
バイオメトリクス認証 194
ハイパー・スレッディング・テクノロジ ... 138
パケット 30
パケットフィルタリング 126,180

バス型	42
パスワード	72,102,188
バックアップ	96,152
バックドア	205
パッチ	200
バッファオーバーフロー	66
バッファリング	24
ハブ	42
パリティ	147
ピア・ツー・ピア型	8,10
秘密鍵	186
表	92
費用対効果	106
ファイアウォール	66,172,178,180
ファイルサーバ	102,104,106
フィルタリング	126
フェイルオーバ型	162
フェイルオーバ型クラスタリング	162
フォルダ	104
フォワードプロキシキャッシング	128
負荷分散型	162
負荷分散型クラスタリング	166
不正アクセス	176,178
不正リレー	74
ブックマーク	56
物理層	21,40
踏み台	74
プライベートIPアドレス	184
プライマリネームサーバ	84
プラットフォーム	62,64,98
フリーソフト	78
フリーソフトウェア	98
プレゼンテーション層	21
ブロードキャスト	44
ブロードキャストアドレス	45
ブロードバンド	118,212
プロキシ	182
プロキシサーバ	126,182
フロッピーディスク	142
プロトコル	22
プロバイダ	184
並列計算型	162
並列計算型クラスタリング	168
ヘッダ	26
ベンダ	20,34
ポート	30,34
ポートスキャン	202
ポート番号	34
ポートフォワーディング	116
ホスト	38
ホストアドレス部	38
ホットスタンバイ	160
ホットスワップ	160
ホットプラグ	160
ボトルネック	144

ま 行

マザーボード	208
マスターサーバ	84
マルチコアプロセッサ	138
マルチスレッディング	138
マルチスレッド	138
ミドルウェア	94
ミラーリング	146
無停電電源装置	158
迷惑メール	68,74
メインメモリ	140,142
メーラ	28

メールサーバ.............................2,54,68
モデム...118

ら 行

リバースプロキシキャッシング.......128
リモートバックアップ......................154
リレーショナル型...............................92
リレーショナル型データベース..........92
リング型...42
ルータ..38
ルーティング................................38,46
ルートサーバ.....................................82
ルートネームサーバ.....................82,88

レイヤ..20
レコード...92
レジスタードメモリ.........................140
レジストラ...86
レジストリ...86
列 92
ロードバランシング 166
ログ...112,202
ログイン...116

わ 行

ワンタイムパスワード.....................194

なるほどナットク！シリーズ　IT分野

ネットワークセキュリティがわかる本　　伊藤敏幸 著
爆発的なインターネットの普及は、円滑で迅速な情報伝達を可能にしています。しかし、便利ではあるものの危険な側面もあるのです。あなたの情報が狙われているかもしれません。さぁ、本書でネットワークセキュリティの基本をマスターしましょう。

モバイルがわかる本　　杉野 昇・磯部悦男 共編
iモードに代表されるインターネット対応携帯電話が一大ブームを起こしています。また、IMT-2000（次世代移動通信システム）の導入も間近で、より高度で使い勝手のいい携帯電話（端末）が続々登場してくることでしょう。ビジネス展開を中心に、モバイルのおはなしをどうぞ。

ITRON/JTRONがわかる本　　美崎 薫 著
多くの方にとってTRON（ITRON/JTRON）という言葉はなじみがないかもしれません。しかし、皆さんの身のまわりにはTRONを使った製品があふれていますし、いま話題の情報家電にも利用されているのです。では、組込み型システムやリアルタイムOSなど最先端の技術が盛りだくさんのTRONについて、本書で「ナットク」してみてください。

次世代インターネットがわかる本　　田中壽一 著
アドレス空間が枯渇化するといった問題もあるインターネットの世界。でも、そんな心配を取り除くべく次世代インターネットプロトコルの開発等が進められています。次世代とは何か、何が変わるのか、どうなるのか、本書はその姿に迫ります!!

TCP/IPがわかる本　　平尾隆行 著
LANやインターネットの発展の陰にTCP/IPあり！あなたもネットワークの約束ごと、プロトコルの代表格であるTCP/IPのしくみと働きを理解して、より深いネットワークライフを楽しみませんか？

CGがわかる本　　横枕雄一郎 著
映画やTVの特殊効果、Webページの作成などCGの活躍の場はますます広がっています。あなたも湧き出る創造力を形に、感動するCG作品をつくってみませんか？この1冊で基礎を身につけステップアップ！

LANがわかる本　　石井弘毅 著
LAN、無線LAN、イントラネット、イーサネット、プロトコル、TCP/IP、MACアドレス、UDP、DHCP、ルータ、ハブ、スイッチ、アクセスポイント、サーバ、パケット、OSI参照モデル、10BASE-T、100BASE-TX……etc.
さてさて、どれだけご存知ですか？知識の整理にもお役立て下さい。

OSがわかる本　　羽山 博 著
巷に溢れるオールインワンタイプのパソコン。誰でもすぐに起動でき、使うことができます。ですが、「待てよ、どうしてパソコンって動くんだろう？　CPUがあって、たしかOSが何か大切な働きをしているらしいが…」と疑問に思ったことはありませんか？そんなモヤモヤを解消。これは、OSのしくみをやさしく解き明かす本です。

サーバがわかる本　　小野 哲 監修／小関裕明 著
サーバは、ネットワークを流れるさまざまな情報の仲介役として365日24時間働き続けています。人々の生活を豊かにしている縁の下の力持ち、サーバの世界をお見せしましょう。

もっと詳しい情報をお届けできます。
※書店に商品がない場合または直接ご注文の場合も右記宛にご連絡ください。

ホームページ　http://www.ohmsha.co.jp/
TEL/FAX　TEL.03-3233-0643　FAX.03-3233-3440

<監修者略歴>

小野　哲（おの　さとし）

制御系SEを経て、1989年株式会社ランスを設立。同社CTOとして活動。将来の夢、3人の子供を無事社会に出した後、片田舎の山中に引っ越し、本格的に仙人のように静かな生活を送ること。

● **主な著書**

『現場で使えるSQL』、『SI現場のPostgreSQL入門』、『独習JSP』（以上，翔泳社）、『PostgreSQL構築・運用ガイド』（共著、日経BP社）、『Oracle8 for Linuxデータベース導入実践ガイド』（技術評論社）など多数

<著者略歴>

小関　裕明（こせき　ひろあき）

常総学院高等学校を経て、中央大学商学部会計学科を卒業。河合ゼミにて会計情報システム論を学ぶうちSIに興味を持ち、何故か片田舎のIT企業ランスへ。紆余曲折を経て、現在もIT業界の片隅で日々奮闘中。愛車はヤマハYZF-R1。

本文イラスト ◆ 中西　隆浩

- **本書の内容に関する質問**は、オーム社出版部「(書名を明記)」係宛，書状またはFAX（03-3293-2824）にてお願いします。お受けできる質問は本書で紹介した内容に限らせていただきます。なお、電話での質問にはお答えできませんので、あらかじめご了承ください。
- 万一、落丁・乱丁の場合は、送料当社負担でお取替えいたします。当社販売課宛お送りください。
- 本書の一部の複写複製を希望される場合は、本書扉裏を参照してください。

JCOPY ＜(社)出版者著作権管理機構 委託出版物＞

なるほどナットク！
サーバがわかる本

平成15年 9 月10日		第1版第1刷発行
平成26年11月10日		第1版第12刷発行

監　修　者　　小野　　哲
著　　　者　　小関　裕明
発　行　者　　村上　和夫
発　行　所　　株式会社　オ ー ム 社
　　　　　　　郵便番号　101-8460
　　　　　　　東京都千代田区神田錦町 3-1
　　　　　　　電　　話　03 (3233) 0641 (代表)
　　　　　　　URL http://www.ohmsha.co.jp/

©小野　哲・小関裕明　*2003*

組版　カリモ舎　　印刷　三美印刷　　製本　関川製本所
ISBN 978-4-274-07962-7　　Printed in Japan